农田沟渠湿地水文过程模拟

贾艳辉　何　帅　冯亚阳　著

U0343472

黄河水利出版社
·郑州·

内 容 提 要

随着社会和经济的发展,现有的水资源质量不断下降,各种形式的水污染降低了水体的使用功能。其中,农业面源污染已成为世界各国水环境的一大主要污染源,而沟渠湿地在治理农业面源污染方面将是一种不可替代的有效方法,应用前景广阔。本书主要内容包括沟渠湿地对氮、磷的净化机制,沟渠湿地水量数学模型及模型的数值求解,边界处理及计算结果可视化,数值计算及结果分析等。

本书可供从事灌区水资源管理及农田水利研究的科技人员阅读参考。

图书在版编目(CIP)数据

农田沟渠湿地水文过程模拟/贾艳辉,何帅,冯亚阳著. --郑州:黄河水利出版社,2024.6. --ISBN 978-7-5509-3902-8

Ⅰ.X501

中国国家版本馆 CIP 数据核字第 2024VP1676 号

组稿编辑:王路平　电话:0371-66022212　E-mail:hhslwlp@126.com

责任编辑:王　璇　责任校对:王单飞　封面设计:张心怡　责任监制:常红昕
出版发行:黄河水利出版社　网址:www.yrcp.com　E-mail:hhslcbs@126.com
　　　地址:河南省郑州市顺河路49号　邮政编码:450003
　　　发行部电话:0371-66020550、66028024
承印单位:河南新华印刷集团有限公司
开本:890 mm×1 240 mm　1/32
印张:3.75
字数:110 千字
版次:2024 年 6 月第 1 版　　　印次:2024 年 6 月第 1 次印刷
定价:30.00 元

前　言

　　水是人类生存的基本条件和生产活动最重要的物质基础。随着经济和社会的快速发展，我国水污染现象越来越严重，现有的水资源质量不断下降，水环境持续恶化。其中，农业非点源污染物是引起地表水富营养化的主要因素，湿地能通过吸附、沉淀、植物吸收、微生物转化等作用有效截留和去除非点源污染物。由于农业面源污染低浓度、大范围的特点及其排放途径，沟渠湿地在治理农业面源污染方面将是一种不可替代的工程技术措施，已得到世界范围内的认可，其应用前景十分广阔。因此，研究半干旱地区沟渠湿地水文及水环境效应机制，对农业面源污染的治理及水环境生态修复、半干旱地区水资源的可持续利用将具有重要的理论意义和实用价值。

　　本书分析了北方半干旱地区沟渠湿地的水文过程，建立了湿地水文过程的数学模型，结合模型编制计算机模拟程序，对不同水平年进行数值模拟。结果显示，沟渠的衬砌情况和沟间距对沟渠湿地的水文过程有较大影响，为定量研究沟渠湿地系统治理农业面源污染的大面积应用提供了理论及技术分析手段。

　　本书在编写过程中还引用了大量的参考文献。在此，谨向为本书的完成提供支持和帮助的单位、所有研究人员和参考文献的作者表示衷心的感谢！

　　由于作者水平有限，书中存在不妥之处在所难免，敬请读者批评指正。

作　者

2023 年 12 月

目　录

第1章 绪 论

1.1 研究的目的及意义

水是人类生存的基本条件和生产活动最重要的物质基础。随着社会和经济的发展,我国水污染越来越严重,现有的水资源质量不断下降,水环境持续恶化,各种形式的水污染降低了水体的使用功能。农业面源污染是指人们在从事农业耕作活动时,由于使用化肥、农药,以及农田水土流失而引起受纳水体(如河流、湖泊、水库、海湾等)的污染。农业面源污染已成为世界各国水环境的一大主要污染源。我国农田的氮(N)肥使用量居世界首位,过量使用化肥是产生面源污染的主要原因。太湖流域的化肥使用量已从20世纪80年代中期的400 kg/hm^{2}增加到90年代末的800 kg/hm^2,翻了一番,而氮肥的利用率只有25%~35%,当季使用的氮肥有20%~25%随降雨径流和渗漏排入地表水。施入农田中的磷(P)肥,作物利用率仅为10%~20%。50%~60%的磷肥被土壤颗粒固定,其余的随降雨径流排入沟渠。长期大量施用磷肥,导致耕层土壤处于富磷状态,在降雨冲刷和农田排水的情况下会加速磷向水体迁移。据联合国粮食及农业组织1993年统计,我国农田中磷元素进入水体的通量为19.5 kg/hm^2,比美国高8倍。河北省面源污染进入河流的COD、总氮、氨氮、总磷含量分别达到27.42万 t/a、46.98万 t/a、6.74万 t/a、16.84万 t/a。根据《河北省水资源质量评价》分析,现状条件下全省最大允许纳污能力为:COD3.67万 t/a、氨氮0.31万 t/a。由此看出,河北省农业面源污染已成为水体污染的重要来源。

人工湿地是20世纪70年代起发展的新型污水处理和环境修复技术,是利用其生态系统中物理、化学、生物的三重协调作用,通过过滤、吸附、沉淀、植物吸收、微生物降解来实现对污染物质的高效分解与净化,可以大幅度降低进入地表水中的氮、磷化合物的含量。根据Peterjohn 和 Correll（1984）的研究结果,农田与水体间 50 m 宽的沿岸植被缓冲带能减少进入地表水 89% 的氮和 80% 的磷。巴西的皮拉西卡巴的 Engenho 湿地对磷、硝酸盐和氨的去除率分别达到 93%、78% 和50%。Chescheir 等通过模型研究表明,湿地可以净化 79% 的总氮、82%的硝酸盐氮、81% 的总磷。因此,湿地在去除农业面源污染方面是一个简单而有效的工具,而且费用低廉,受到广泛的关注。另外,从生态学观点来看,输入到湿地中的氮、磷营养物可被植物吸收,促进如芦苇、蒲草、菱草等水生植物的生长和发育,为保护生物多样性、改善流域生态景观起到积极的作用。因此,从经济学和生态学的角度来看,湿地生态系统已是世界上很多国家认可的控制水环境污染的有效工具。

　　根据农业面源污染的低浓度、大范围的特点及其排放途径,沟渠湿地在治理农业面源污染方面将是一种不可替代的有效方法,应用前景广阔。因此,研究半干旱地区沟渠湿地水文及水环境效应机制,对农业面源污染的治理及环境生态修复、半干旱地区水资源的可持续利用将具有重大的理论意义和使用价值。

1.2　国内外研究现状

　　在治理农业面源污染、修复水环境方面,Woltemade 等通过在美国马里兰、伊利诺伊等地的流域周围恢复或建成湿地接纳农业排水的试验研究表明:虽然所有试验区的湿地都能降低氮(N)和磷(P)的浓度,但是它们之间的差别很大,对湿地性能影响最大的因素是湿地的大小、汇水面积及水在湿地的滞留时间,当湿地与流域汇水面积之比较大,或水在湿地中滞留时间较长时,湿地对营养的吸收率较大。Braskerud 等在寒冷气候地区(挪威)构建了表面流湿地用于控制农业地表径流中的 N、P 污染物,提出水力负荷、季节变化和表土的营养物含量是 N、P在湿地持留的影响因素,研究者还建立了统计模型,可以预测未来 N、P在湿地的持留量。美国在 20 世纪 90 年代末期研究开发了与农田排水系统和地下供水系统相结合的"湿地-控制排水-供水池塘-地下灌溉（WRSIS）"系统，该系统是为修复水环境而采取的以水利技术为主的综合措施系统，取得了良好的生产及生态效果。系统中所采用的湿地，其面积只有 0.12 hm²（1.8 亩❶）左右，控制农田面积约 8 hm²（120 亩），既可以处理农田排出的污染物，又可以提高水资源的利用效率。

国内 20 世纪 80 年代开始重视农业面源污染，90 年代，对化肥、农药、水土流失引起的面源污染研究趋于活跃。章北平等 1995 年于武汉马鞍山森林公园对利用人工湿地进行面源污染控制开展了试验研究，并就面源污染的截纳控制技术、东湖农业区径流污染的黑箱模型及东湖面源污染负荷的数学模型等进行了专项研究；中国环境科学研究所、云南环境科学研究所等单位在"八五"攻关课题"滇池防护带农田径流污染控制工程技术研究"中，将人工湿地工程技术应用于农田废水的净化与处理；高吉喜和李宝贵等分别研究了不同水生植物对面源污染的净化能力；姜翠玲等分别利用人工湿地和天然沟渠对面源污染的净化能力进行了研究，表明沟渠湿地可通过底泥截留吸附、植物吸收和微生物降解净化农田排水汇集的农业面源污染物，芦苇和菱草是长江下游地区沟渠中自然生长的 2 种主要挺水植物，能有效吸收 N、P 营养成分，是湿地净化面源污染物的主要机制。芦苇和菱草收割以后，每年可带走 463～515 kg/hm² 的 N 和 127～149 kg/hm² 的 P，收割除带走植株体中的营养成分外，还改善了湿地光照和曝气条件，促进营养物质的分解转化。这些研究都取得了较好的脱氮除磷效果，为今后湿地污水处理技术在农业面源污染控制中的应用积累了经验。灌排沟渠作为农田与河流、水库等水体的结合（缓冲）带，在沟渠中形成了一定的水利条件，并通过种植湿地植物、营造湿地生态系统、延长农田径流在沟渠中的滞留时间，充分发挥湿地的净化作用，对半干旱地区的水环境治理及修复将起到巨大的积极影响，应用前景十分广阔。

---

❶ 1 亩 = 1/15 hm²，下同。

1.3　农业面源污染物的控制措施

1.3.1　农业面源污染的危害

农业面源污染主要是指农业生产活动引起的各种污染物(沉淀物、营养物、农药、盐分等)以低浓度、大范围的形式在土壤圈内运动和从土壤圈向水圈扩散。农业面源污染来源于非特定的、分散的地区,与土壤的侵蚀程度,化肥、农药的施用量,农业耕作方式,地质地貌,区域降水过程等密切相关。与点源污染相比,面源污染的危害规模大,具有潜在性、复杂性和隐蔽性,难以监测和控制。随化肥、农药的大量施用,且控制措施由于资金及技术等各方面原因而不能落实,农业面源污染成为污染的一个重要来源。湿地作为一种脱氮除磷的方法具有效果好、适应性强、管理方便、廉价等优点,已被用于农业面源污染的治理。

1.3.2　面源污染物的控制措施

农业面源污染的控制可以通过以下三条途径:一是降低农田中化肥、农药的施用量;二是在污染物向地表迁移的过程中加以截留和净化;三是在污染物汇入河流、湖泊后进行治理。其中最有效、最经济的控制面源污染的措施是控源,农田大量地施用化肥是农业面源污染产生的主要原因。

氮是植物必需的营养元素,是作物施肥三要素之首。20 世纪 70 年代以来,我国氮肥施用量急剧增加,2010 年氮肥施用量超过 2 947 万 t,占全世界总用量的 30% 左右。农田氮的损失量与施氮量密切相关,司文斌的试验结果表明,农田每增施 1 kg/hm^2 的氮素,通过径流损失的氮即增加 0.560~0.721 kg/hm^2。因此,控制农田化肥施用量是预防和治理面源污染的主要措施。农田化肥的施用应根据作物的栽培措施、土壤物理化学性质,确定“适宜施肥量”。并不是施肥越多,作物的产量就越高,而且施肥越多,造成的污染越严重。由于我国农业种植结构的特殊性,农田管理还很落后,农民片面地追求高产量,合理施肥的意识很薄弱。防治水体富营养化的另一项措施是直接净化河流和湖泊的 N、P 污染物,近几年,我国正在开展河道、湖泊的综合治理,采取一系列物理、化学和生物学手段降低营养物质的含量,改善水质。如果不消除污染源,只是在污染的终端进行治理,这样代价既高又很难达到预期的效果。有效的措施是在污染物向河道迁移的途径中进行截留和去除。国外普遍利用河湖与陆地交错带的自然湿地、恢复湿地及人工湿地净化面源污染物,对湿地去除氮、磷营养物质的机制及去除率做了大量的研究工作,证明湿地在治理富营养化方面发挥着重要的作用。沟渠湿地是农业面源污染物的最初汇聚处,污染物在其中停留的时间长,能有效滞留和净化面源污染物,减轻地表水的富营养化。

1.4 沟渠湿地在农业面源污染净化中的作用

人工湿地在净化工业、农业和生活废污水及去除营养物质过程中起着重要的作用。湿地是一个独特的土壤—植物—微生物系统,当农田排水及降雨径流流经湿地时,水中的有机质、氮、磷等营养成分将发生复杂的物理、化学和生物转化作用。它们包括沉淀、吸附、过滤、溶解、固体化、离子交换、络合反应、硝基化、反硝基化、营养物质的摄取、生物的转化和细菌、真菌的异化作用等具体过程。自然湿地和人工湿地对面源污染的净化主要经过三条途径:土壤的吸附和截留、植物的吸收及根区反应、微生物的降解。

面源污染物随地表径流和下渗进入湿地,通过土壤及砂石的吸附、过滤、离子交换、络合反应等物理化学作用截留、转化一部分污染物质。

水生植物在湿地去除农业面源污染过程中起着非常重要的作用,植物不仅可以通过其呈网络状的根系直接吸收农田排水中的铵离子(NH_4^+)、硝酸根离子(NO_3^-)和磷酸根离子(PO_4^{3-}),更重要的是,水生植物可通过其生命活动改变根系周围的微环境,从而影响污染物的转化过程和去除的速度。

微生物对营养物质的分解和转化是湿地降解污染物的主要机制。湿地土壤中发育着大量的好氧微生物、厌氧微生物及兼嫌气性微生物，由于水生植物的生长，其根系的分泌物及好氧环境为好氧细菌的生长创造了条件，将排水带来的有机质分解为硝酸根离子(NO_3^-)、亚磷酸根离子(PO_4^{2-})、硫酸根离子(SO_4^{2-})等，被植物吸收。根区以外的还原状态区域，发育着大量的厌氧微生物，如硝酸盐还原细菌和发酵细菌，将有机物分解为二氧化碳(CO_2)、氨气(NH_3)、硫化氢(H_2S)、磷化氢(H_3P)、甲烷(CH_4)等气体，挥发进入大气。

1.4.1　对总氮的去除

氮在湿地系统中包括 7 种价态，进行着多种有机、无机形式的转换。废水中的氮一般以有机氮和氨氮的形式存在。废水中的有机氮在处理过程中被微生物分解成氨氮。氨氮在硝化菌的作用下被转化为无机的亚硝态氮和硝态氮，通过反硝化及植物的吸收而被去除。废水中的无机氮可直接被植物摄取，合成植物蛋白质等有机氮，并通过植物的收割去除。湿地中的氮主要是通过微生物的硝化、反硝化作用去除的。天然及人工湿地对氮的截留率有的可达到 79%，相当于 44 kg/($hm^2 \cdot d$)。Kadlec 研究确定湿地对硝态氮的吸收率为 96%，对氨态氮的吸收率为 14%～98%。通过湿地生态系统这种好氧和厌氧交替出现的环境条件，使硝化和反硝化作用可交替进行，为有机氮和无机氮的去除创造了条件。

1.4.2　磷的去除

农田排水中的磷可以分为溶解态和颗粒态两部分，可进一步划分为无机磷和有机磷。颗粒磷和有机磷经微生物转化成无机磷后才能被植物吸收。农田输出的磷中 80% 以上是颗粒态形式的磷，而颗粒态磷中 60%～90% 以上的磷随 0.1 mm 以下的颗粒物流失。人工湿地对磷的去除是植物吸收、微生物及累计填料的物理化学作用等共同作用的结果。湿地对磷有很好的去除效果，在 Des Plaines 湿地，Hey 等发现，可溶性磷的去除率可达 52%~99%。磷在湿地中的去除可分为生物和非生物两种过程,生物过程包括植物吸收、微生物转化等,非生物过程包括底泥的吸收和沉降。自然条件下,植物和微生物吸收磷可被看成是短期的过程,植物死亡后,残体分解将磷再次释放出来,而吸附沉降被认为是湿地长期去除磷的过程。

在缺氧条件下,磷酸盐经还原作用产生磷化氢 PH_3 释放到大气中,但通过这一途径去除的磷的量极少。水体中一些磷是可溶的,易于被土壤颗粒吸附。因此,湿地通过滞留沉积物来达到降低水中磷的浓度。Kadlec 试验表明,当磷的平均输入浓度为 $1~2$ ppm(1 ppm$=10^{-6}$,在 ppm 废止前,试验已完成)时,经过湿地后的输出浓度可减少为 $0.005~0.300$ ppm,吸收率达 99%。湿地底泥中磷的存在形式有无机和有机两种形态,两者的相对比例取决于它们的性质和来源。通常河流及湿地底泥中的矿物质低,而有机质含量高,磷在底泥中主要以有机态的形式存在。大多有关湿地中磷的迁移转化机制的研究集中在无机磷上,而认为有机磷的生物有效性是不重要的,在湿地淹水缺氧的条件下,有机磷的矿化速度很慢。然而,在大多数底泥中,TP(总磷)的主要成分是有机磷,在沼泽湿地中,有机磷占 87%,因此有机磷的矿化作用是生物有效性磷的一个重要补给途径。可溶性的无机磷化物能与二价及以上的阳离子(如 Ca^{2+}、Fe^{3+}、Al^{3+})发生吸附和沉淀反应而被截留在底泥中,若底泥中含有较多的无定性(非晶体型)铁氧化物、铝氧化物,能与磷形成溶解度很低的磷酸铁或磷酸铝,沉淀在底泥中。这种沉淀反应是可逆的,流经湿地的排水中磷的浓度较低时,底泥吸附的一部分磷有可能重新释放到水中。土壤和底泥对磷的吸附主要发生在表层,随着深度的增加,吸附能力下降,这是因为表层的土壤和底泥处于好氧状态,铁、铝呈无定性的氧化态形式,吸附能力强,能与磷形成难溶的复合物。通常底泥和土壤对磷的最大吸附容量在好氧条件下比在厌氧条件下高。底泥对磷的吸附、沉淀能力会出现饱和状态,此时,湿地对磷的去除有可能停止,甚至向水体中释放。

生物吸收(包括细菌、藻类、大型水生生物)是系统初始阶段去除磷的主要机制,但生物吸收只是一个短暂的储存磷的过程,当藻类死亡以后,35%~75%的磷将最终释放出来。不同的植物对磷的去除能力是不同的,漂浮植物及沉水植物对磷的吸收效果差,而挺水植物庞大的根系植于底泥中,可从底泥中直接吸收沉淀的磷。植物生长对磷的去除有利,不论是何种植物,其根区系统都能有效吸附截留水中的悬浮物和颗粒状的磷,促使磷沉淀。虽然挺水植物能有效储存磷,但所需的磷很少是从水体中直接吸收的,而是通过根部吸收底泥中空隙水中的磷,使水体与底泥之间产生浓度梯度,从而促使磷向下迁移,提高整个湿地系统对磷的去除效果。

1.5　湿地对营养物质去除的影响因素

1.5.1　基质的类型

基质在为植物和微生物提供生长介质的同时,也能够通过沉淀、过滤和吸附等作用直接去除污染物。含有机质丰富的底泥,有较好的团粒结构,吸附能力强,在底泥和土壤中生长的微生物种类和数量多,有助于吸附、降解各类污染物。在建造人工湿地时,综合考虑所要去除的主要污染物及取材便利等因素,选用合适的湿地基质,对净化效果有所促进。

1.5.2　湿地植物

植物是湿地生态系统中的主要组成部分,既可以直接吸收氮、磷等营养物质,又可以通过茎叶的传送,将空气中的氧气输入到根区,在根区形成氧化的微环境,为硝化细菌的生存和营养物质的降解提供必要的场所及好氧条件。湿地植物还能够为微生物提供碳源和能源,根周围的渗出液能够提高微生物的降解活性。不同的湿地植物对各种污染物质的吸收能力各不相同,即使是同种植物,在不同的生长阶段对污染物的吸收能力也不同,可以根据人工湿地的用途选择种植。不同的水生植物对各种营养物的吸收能力也不同,采用多种水生植物的混合结构可以提高湿地总体的污染物去除率,同时可以考虑植物的利用价值。此外,湿地植物还通过覆盖度、根系生长等方面来影响湿地的水力条件,从而影响湿地对污染物的净化效果。总之,水生植物在湿地污水处理中发挥着独特的作用。

1.5.3　季节、温度

　　湿地对氮、磷等污染物的去除依赖于土壤的吸附、截留、水生植物的吸收、土壤中微生物的降解和转化作用而完成,而这些作用都受到季节和温度的影响。David 等通过三年的试验发现,湿地对氮、磷的净化在夏、秋温度高的季节更容易发生。夏、秋季节,由于水生植物生长,可通过直接吸收去除一部分氮和磷。另外,微生物的生长和代谢活动直接受温度的影响。微生物最适宜的生长温度是 $20 \sim 40 \ ℃$,在此范围内,温度每升高 $10 \ ℃$,微生物的代谢速率将提高 $1 \sim 2$ 倍。因此,夏、秋季节适合微生物的生长和繁殖,其对农田排水中的氮、磷化合物的转化明显高于冬季、春季。在北方冬季,氨氮去除效果低于夏季的原因还在于,在冬季,湿地的表面往往结上一层厚厚的冰盖,阻止大气中氧气的输入,造成厌氧条件,抑制了硝化作用进行,导致冬季氨氮去除率下降。

1.5.4　pH

　　pH 影响湿地水化学和生物学过程,从而影响对氮、磷等营养物质的去除。硝化细菌和反硝化细菌适宜在中–碱性条件下生长。pH 不同,氮的存在形式也会有所变化,如当环境的碱性条件较强时,易发生氨化反应,使氮以氨气(NH_3)的形式挥发,在中–碱性条件下时易发生硝化/反硝化反应。因此,湿地在碱性状态下比在酸性状态下更有利于对氮的去除。磷在碱性条件下,易与钙离子(Ca^{2+})发生吸附和沉淀反应,而在中性和酸性条件下,主要通过配位体交换被吸附到铝离子(Al^{3+})、铁离子(Fe^{3+})的表面,这是磷酸根离子(PO_4^{3-})去除的主要途径。

1.6　研究的主要内容及方法

　　本书主要研究北方平原地区沟渠型湿地的水文过程,通过计算机模拟计算,研究沟渠湿地系统的蒸发、入渗、拦蓄降雨、提高降雨利用率的过程、作用机制、关键参数,建立沟渠湿地系统参数(沟渠纵横断面参数、湿地面积、容积等)与各水文要素(蒸发、入渗、降雨、径流等)的定量关系,为定量研究沟渠湿地系统大面积应用提供理论及技术分析手段。

第2章　沟渠湿地对氮、磷的净化机制

　　虽然氮、磷是湿地生态系统生长发育必不可少的营养物质,但农业活动中施用大量的化肥,使得过量营养物质随径流进入湿地水环境,造成湿地水体的富营养化。本书以氮、磷在湿地中的迁移转化为例,分析污染物在湿地生态系统中的迁移转化规律。

2.1　湿地中氮的迁移转化

　　污水中的含氮化合物是人们关心的指标之一,因为它们可以引起水体富营养化,消耗水中的溶解氧,对多种水中的无脊椎动物有很大的毒性。这些化合物也有积极作用,比如促进植物生长,而这些植物又有助于野生动物的生长。

2.1.1　湿地中氮的类型

　　在湿地中无机氮最重要的存在形式是氨根离子(NH_4^+),还有亚硝酸根离子(NO_2^-)、硝酸根离子(NO_3^-)、一氧化二氮(N_2O)及溶解的 N_2。氮也可以有机形式出现在湿地里,包括尿素(CNH_4O)、氨基酸($RCHNH_2COOH$)、胺类、嘌呤和嘧啶。

2.1.1.1　无机氮化合物

　　氨氮的组成比较单一,是化学还原的氮(-3 价),与 3 个或 4 个氢结合:$NH_3+H_2O \rightleftharpoons NH_4^+ + OH^-$。在湿地系统中,氨的离子形式占优势,在此指氨氮。

　　在湿地或其他水域中,氨氮是非常重要的,其原因是:①对大多数湿地植物和自养细菌,氨氮是优先利用的氮的形式;②氨氮是化学还原物质,在天然水中易于氧化,导致氧的消耗(每氧化 1 g 氨氮大约消耗

4.3 g 的氧气);③非离子氨在低浓度下(一般浓度大于 0.2 mg/L)即对许多水生物有毒。氨氮是许多污水中氮的存在的主要形式,因其对湿地和其他受纳水体潜在的不利影响,所以在湿地系统中要减少氨氮的浓度。

硝酸盐同样是植物生长必不可少的营养成分,其过量时,就会导致水体的富营养化。硝酸盐和亚硝酸盐是水质控制的重要指标,当受污染的地表水或地下水来源的饮用水中硝酸盐含量过高时,对婴儿有毒害作用。

气态的氮主要以氮气(N_2)、N_2O、二氧化氮(NO_2)、四氧化二氮(N_2O_4)和 NH_3 形式存在。在正常的环境情况下,N_2 是大气中唯一重要的气体成分,约占空气体积的 78%。N_2O 是微生物反硝化过程的一个中间产物。

2.1.1.2 有机氮化合物

有机氮化合物包括氨基酸、尿素、尿酸、嘌呤和嘧啶等。

氨基酸是蛋白质的主要成分,它对所有生命的形式来说都是很重要的复杂的有机化合物。氨基酸由一个氨基(—NH_2)和羧基(—COOH)组成,与芳香族有机化合物和直碳链末端碳原子相连。氨基对形成蛋白质的肽链非常重要。

尿素和尿酸是水生系统中有机氮的最简单形式。因为这些有机氮能迅速地进行化学或生物水解,并释放出氨,所以在湿地处理中,这些氮的有机形式是非常重要的。

嘌呤和嘧啶是杂环有机化合物,是氮替代了芳香环中两个或者更多的碳原子。嘌呤包含两个相互连接的环,嘧啶是由一个单一的杂环所组成的。这些化合物是从氨基酸到构成活体有机体 DNA 的核苷酸的过程中合成的。

各种不同形式的氮构成湿地中的总氮。在水体中,总氮由 TKN 总凯氏氮、Total Kjeldahl Nitrogen(有机氮和氨氮)和硝酸盐氮、亚硝酸氮的浓度之和来计算。在湿地土壤和生物组织中,大多数氮以溶解性和不溶性的有机氮形式存在,因此湿地中的总氮量大约和 TKN 相等。

2.1.2　湿地中氮的转化

图 2-1 为湿地中氮循环的主要部分。各种形式的氮连续发生化学转化,先从无机氮转化为有机氮,再从有机氮转化为无机氮。其中有些需要能量(一般来源于有机碳源),而有些过程释放能量,用于有机体的生长和生存。所有这些转变对湿地生态系统的正常功能都是必不可少的。

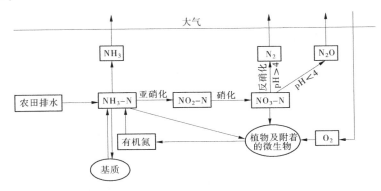

图 2-1　湿地中氮的迁移转化

在湿地中,含氮化合物可以从一点向另一点传输转移,不发生分子转变。这些物理转变过程包括:①颗粒沉淀和再悬浮;②以溶解形式发生的扩散;③植物吸收和转移;④氨挥发;⑤基质对溶解性氮的吸附;⑥种子释放;⑦有机物的迁移。

在湿地中,除了氨化合物的物理转移,还有氮的化学转变过程:①氨化作用;②硝化作用;③反硝化作用;④固氮作用;⑤氮的同化作用。下面详细描述氮的转变过程。

2.1.2.1　氨化过程

氨化过程是有机氮向氨氮转化的生物转化过程,同时是有机氮向无机氮转化的第一步。这一过程是通过微生物分解含尿酸的有机组织产生的。

氨是以有机形式通过一系列复杂的能量释放过程,经多步生物转化后产生的。在一些情况下,这种能量用于微生物的生长,并且氨可以合成微生物。污水中大量有机氮容易转化成氨,因此氨氮浓度有沿着湿地水流流向增加的趋势。

在厌氧环境中,异养菌的分解能力降低,因此在厌氧环境中的氨化过程比好氧环境下慢。由于厌氧条件下氨氮的硝化速率低,可能引起氨氮的积累,所以氨氮可能在氧缺乏湿地中含量较高。而在有氧湿地环境中,由有机氮的氨化形成的氮更容易发生硝化作用,再经反硝化过程,总氮可以有效降低。

2.1.2.2　硝化过程

1. 湿地中的硝化作用

在许多湿地处理系统中,氨氮转变成硝酸盐氮的硝化过程是氨氮去除的主要机制。硝化反应是以微生物为媒介发生的两步反应,概括为:

$$NH_4^+ + 1.5O_2 \longrightarrow 2H^+ + H_2O + NO_2^-$$
$$NO_2^- + 0.5O_2 \longrightarrow NO_3^-$$

反应的第一步是在亚硝化细菌的作用下完成的,第二步是在硝化细菌的作用下完成的,这两步都需要氧的参与。硝化反应在溶解氧低至 0.3 mg/L 仍然能进行。实际的硝化速率可以通过控制进入系统的溶解氧来控制,在湿地处理系统中,一般是氧由大气进入水中。因传质遵循一级反应动力学,湿地中的硝化反应速率也认为是遵循一级反应动力学。

硝化反应的全过程可写为:

$$NH_4^+ + 2O_2 \longrightarrow NO_3^- + 2H^+ + H_2O$$

基于这个化学计量关系,硝化反应的理论耗氧量大约是 4.6 克 O_2 每克 NH_4^+-N。

硝化反应过程会释放出能量,这些能量被亚硝化细菌和硝化细菌利用,合成细胞物质。硝化反应过程中的细胞($C_5H_7NO_2$)合成和氧化还原可概括为:

$$55NH_4^+ + 76O_2 + 109HCO_3^- \longrightarrow C_5H_7NO_2 + 54NO_2^- + 57H_2O + 104H_2CO_3$$

亚硝化细菌和硝化细菌的细胞合成可表示为：

$$400NO_2^- + NH_4^+ + 4H_2CO_3 + HCO_3^- + 195O_2 \longrightarrow C_5H_7NO_2 + 3H_2O + 400NO_3^-$$

将上面两个反应式相结合，即可得到在硝化反应中氨氮氧化和细胞合成的综合表达式：

$$NH_4^+ + 1.83O_2 + 1.98HCO_3^- \longrightarrow 0.021C_5H_7NO_2 + 1.04H_2O + 0.98NO_3^- + 1.88H_2CO_3$$

从该反应式可以得出，消耗每克氨氮可以产生 0.17 g 干重的生物量，这只是异养微生物量的一小部分，这个氧化还原过程所产生的能量很少。

2. 影响硝化反应的环境因素

对传统污水处理系统中影响硝化反应的因素已经有大量的研究，许多研究考察了悬浮生长系统-活性污泥系统中的硝化过程，同时，硝化反应动力学用于描述传统附着生长工艺的硝化过程。关于湿地中硝化动力学的报道较少，通过非湿地系统影响硝化反应的因素可以基本反映湿地系统的硝化过程。

在悬浮生长系统中，温度对最大硝化细菌生长速率（$\mu_{NITR_{max}}$）和硝化反应的半饱和常数（K_{NITR}）有很大影响，可用如下经验模型表达：

$$\mu_{NITR_{max}} = 172e^{0.098(T-15)} \tag{2-1}$$

式中　T——水温，℃。

式（2-1）和硝化反应的半饱和常数（$K_{NITR} = 1.0$ mg/L）适用于水温 5～30 ℃，水温高时 $\mu_{NITR_{max}}$ 高，而在低水温时 $\mu_{NITR_{max}}$ 相应降低，硝化反应的温度系数 $\theta = 1.10$。

溶解氧是影响硝化反应速率的重要因素。在悬浮生长系统中，溶解氧浓度对硝化速率的影响由如下模型表达：

$$\mu_{NITR} = \frac{\mu_{NITR_{max}} C_{DO}}{K_{DO} + C_{DO}} \tag{2-2}$$

式中　C_{DO}——溶解氧浓度，mg/L；

　　　K_{DO}——溶解氧半饱和常数，mg/L。

通常报道的 K_{DO} 值在 0.15～2.00 mg/L。湿地处理系统中，溶解氧浓度一般小于 2 mg/L，因此 K_{DO} 值相应低些，具体需要通过试验研究确定。通过对一些表面流湿地和潜流湿地的检测发现,在溶解氧浓度低于 0.5 mg/L 的条件下,氨氮的减少率明显降低。

　　硝化过程中会消耗碱度。硝化反应形成的碳酸会使水中的 pH 降低,水中 CO_2 向大气中散逸又会减小这种降低的趋势。在湿地中,或水面受植物覆盖造成 CO_2 散逸受阻,pH 降低可能会限制硝化反应进行。一般湿地处理系统是在中性 pH 下运行的,该因素对硝化反应的影响很小。

2.1.2.3　反硝化过程

　　如果没有微生物通过反硝化作用将氧化态的氮转化为氮气,那么固氮的生物地球化学过程最终会耗尽大气层中的氮气。反硝化是耗能过程,在此过程中,电子传递到硝酸盐或亚硝酸盐中,产生氮气、一氧化二氮(N_2O)或一氧化氮(NO)。

　　在湿地中发生的反硝化过程是当溶解氧或游离氧缺乏时,在水生植物和土壤环境中伴随异养菌新陈代谢产生的基本过程。好氧异养菌的新陈代谢作用利用氧作为电子传递链的电子受体,而反硝化过程中硝酸盐还原酶使某类细菌可以利用硝酸盐和亚硝酸盐分子中结合更紧密的氧原子作为最终电子受体。完成反硝化作用的兼性菌包括杆菌、微球菌、假单胞菌和螺旋菌等。这些菌在缺氧和好氧条件下的生物化学特性相似,因此容易在两种环境中进行转换。

　　理论上,在有溶解氧存在时,反硝化过程不会发生。在悬浮生长和附着生长处理系统中,相对较低的溶解氧浓度下也发生了反硝化作用。在湿地处理系统中,表面水层和底部的沉积物之间存在氧的变化梯度,因此会发生好氧反应和缺氧反应。湿地中硝化作用产生的硝酸盐可以扩散到厌氧土层中发生反硝化作用。无论是表面流湿地还是潜流湿地,反硝化细菌比硝化细菌更丰富。

2.1.2.4　固氮作用

　　生物固氮过程是空气中的氮扩散进入溶液,经过自养菌和异养菌、蓝绿藻和高等植物转化为氨氮的过程。所有进行光合作用的细菌都能够固氮,一些好氧异养菌(如固氮菌)、一些厌氧菌(如梭状芽孢杆菌)和许多兼性菌都具有固氮功能。另外,一些湿地脉管植物也具有固氮功能。

生物固氮是一个适应性的过程,在其他可提供的氮缺乏的情况下为生物的生长提供氮源。虽然固氮过程并不受可提供的高浓度氮抑制,但在富氮生态系统中,一般观察不到固氮过程。固氮需要消耗来自于自养或异养过程所储存的能量,当存在其他氮源时,固氮一般不会发生。据报道,氨氮的存在限制了固氮过程。

研究表明,在厌氧条件下,在植物根系附近聚集的微生物可以固定大量空气中的氮,大部分活动与植物关系密切,而非土壤。在20 ℃时,香蒲的固氮率为每天每千克根系33.6 mg。估计固定的氮能为香蒲提供10%~20%的生长需求。在好氧条件下,固氮率要降低一个数量级。温度对固氮的影响很大,温度系数 θ 为1.16。这个结果表明了湿地植物和土壤具有固氮的能力,贫氮湿地系统中氮可由大气固氮供给。

2.1.2.5　氮的同化作用

氮的同化指把无机氮转变为构成细胞和组织的有机氮的多种生物过程。一般用于同化的两种形式的氮是氨氮和硝酸盐氮,由于氨氮比硝酸盐氮(NO_3-N)更容易同化,所以氨氮是主要的同化氮源。硝酸盐氮也能被一些植物利用,但多数情况下,湿地植物更容易吸收氨氮。在富含硝酸盐氮的水中,硝酸盐氮会成为营养氮素的重要氮源。挺水植物利用酶(硝酸盐还原酶和亚硝酸盐还原酶)将氧化态的氮转变为可利用的形式。当氨氮存在时,这些酶的数量减少。这些过程在湿地处理中非常重要。例如,研究表明,在外来碳源缺乏和进水中没有氨氮的条件下,砾石床湿地处理系统中硝酸盐氮70%~80%的减少是植物吸收所致。

植物吸收氮的重要程度取决于湿地处理系统的氮负荷。当氮负荷较低时,植物生长对氮的去除很有意义。例如,在氮负荷25~40 g/($m^2 \cdot a$)条件下,有65%的氮储存在植物体内。不仅湿地植物可以吸收氮,微生物和藻类的生长也需要利用该营养元素,在体内可以将氮转换成氨基酸,氨基酸再转换成蛋白质、嘌呤和嘧啶。

2.1.3　湿地中氮的去除机制

研究表明,各类湿地去除氮的途径主要包括植物吸收、氨的挥发、介质的吸附及微生物的硝化-反硝化脱氮。

废水中无机氮作为植物生长过程中不可缺少的物质可以直接被植物摄取,合成植物蛋白质等有机氮,通过植物收割从污水和人工湿地系统中去除。植物尽管能吸收一部分氮,但一般只占投配氮量的 8% ~16%,因而不是人工湿地的主要脱氮途径。对于氨的挥发,只有当 pH 在 9.3,氨离子和铵离子的比例是 1∶1 时,通过挥发造成的氨氮损失才开始变得显著,在人工湿地中,水体在通过填料层过滤时,pH 变化不是很剧烈,一般不会超过 8.0。张甲耀等在潜流型人工湿地的试验中测得系统的 pH 为中性,钟定胜等在自由水面人工湿地试验中测得系统的 pH 为 7~8。Burchell 等在研究地表流人工湿地基质中有机物的添加对氮去除的影响时测得湿地系统中的 pH 为 6.2~8.0。因此,人工湿地中通过挥发损失氨氮的作用可以忽略不计。介质的吸附主要是对还原态氨氮而言的。还原态氨氮十分稳定,能被床体基质所吸附,但是人工湿地基质通常所用的材料(砾石等)是惰性的,氨氮的吸附被认为是快速可逆的。也就是说,湿地的基质对氨氮有一定的吸附作用,在初期是明显的,同时会向系统释放其吸附的氨氮。因此,介质对氨氮的吸附是湿地除氮的一个重要方面,但不是湿地脱氮的主要途径。

湿地中氮的去除主要是通过微生物的硝化/反硝化作用来完成的。硝化是氨通过亚硝化菌和硝化菌氧化成硝酸盐的过程,这是一个好氧反应过程。在此过程中,湿地中的溶解氧(DO)是反应的一个关键条件,主要依靠植物根系氧传导和水面大气复氧。

在硝化过程中,根据以下化学式,氨氮首先被氧化为亚硝酸根(NO_2^-),进而被氧化为硝酸根(NO_3^-):

$$NH_4^+ + 1.5O_2 \longrightarrow NO_2^- + 2H^+ + H_2O$$

$$NO_2^- + 0.5O_2 \longrightarrow NO_3^-$$

$$NH_4^+ + 2O_2 \longrightarrow NO_3^- + H_2O + 2H^+$$

实际上,在氨氮氧化为亚硝酸根和硝酸根的过程中,硝化菌的细胞合成产量很小,因此有 90%以上的氨氮最终成为分解代谢的产物,而只有不到 10%的氨氮用于硝化菌的细胞合成。硝化反应(分解代谢和合成代谢)的氧的需求量仅考虑为分解代谢过程的需氧量。

植物根系的输氧是水中溶解氧提高的重要方面,随着植物类型的不同、根系深度不同,氮的去除率有明显的差异。试验表明,根系深度越深,氮去除率越高。例如:薰草、芦苇、香蒲的根深度分别为 76 cm、60 cm、30 cm,相应的氮去除率分别为 94%、78%、28%。表面流湿地有利于大气的复氧,在潜流型湿地中,污水在基质下流动,使大气复氧变得困难。

反硝化作用是一个厌氧分解的过程。在硝酸盐存在的厌氧环境下,细菌利用硝酸盐而不是氧作为电子受体,需要足够的碳源作为细菌能量的来源。这个过程分两个步骤:首先硝酸盐被还原成 N_2O,然后进一步还原成 N_2。这个转化过程表示为:

$$NO_3^- \longrightarrow NO \longrightarrow N_2O \longrightarrow N_2$$

总反应式:

$$2NO_3^- + 5H_2 + 2H^+ \longrightarrow N_2(g) + 6H_2O$$

如果 pH<4,则 N_2 被抑制而最终以 N_2O 排入大气。从一般的环境质量来看,湿地土壤的 pH 都在 6.0 以上,因而湿地中反硝化作用的最终产物是释放到大气中的 N_2。反硝化作用最适宜的 pH 范围是 7.0~8.0。在 pH 为 7.5 时,反硝化作用的速率最高;当 pH<6.5 或 pH>9.0 时,反硝化速率迅速下降。

故反硝化反应在湿地环境中发生的条件有:NO_3^- 的存在、厌氧的环境、适宜的温度和 pH 及足够的碳源。

大气对污水的氧扩散能力有限,而湿地植物中根毛的输氧及传递特性,使其中连续呈现厌氧、缺氧及好氧状态,相当于许多串联或并联的处理单元,使好氧的硝化作用和厌氧的反硝化作用可以在湿地系统中同时进行。

2.2　湿地中磷的迁移转化

磷是植物生长必需的营养物质,排入水体中的微量的磷对水生生态系统的结构有着重要的作用。生态系统对营养元素的需求又有一定的比例,碳、氮和磷的物质的量比为 106∶16∶1,质量比为 41∶7∶1。但实际上,排入湿地的污水很少有这种比例。因此,污水排入水体后通常导致受纳生态系统营养比例失衡,污水中的磷通常是过剩的。

在农业生产上施用磷肥是提高作物产量的有效措施之一,然而当季施用磷肥的利用率一般仅为 10%～20%,大量磷肥在土壤中积累,当地表径流和土壤侵蚀发生时,土壤中磷由陆地向水体迁移,不仅造成磷矿资源的损失与浪费,而且会加速附近水体富营养化的产生。由地表径流流失的磷从形态上分为颗粒态和溶解态,其中 80%以上的磷以颗粒态形式流失。磷作为非点源污染物,产生的过程十分复杂,它受降雨过程(降雨类型、强度及持续时间)和下垫面因素(地形、地貌、土壤的化学和物理状况、植被或作物特征,以及农业耕作措施等)的总和影响。据报道,磷的产生及输出主要集中在土壤表层 0～5 cm 这一范围内,由于磷主要通过地表径流流失,所以大量研究基本集中在磷的表面迁移动态中。

2.2.1　磷在湿地中的转化

磷在湿地生态环境中的转化包括以下四个过程:

(1)来源于生物颗粒有机磷在微生物作用下形成可溶性有机磷,并进一步矿质化形成正磷酸根离子。

(2)水体中和水土界面的磷酸根离子与无机离子(铁离子、钙离子、铝离子等)结合形成颗粒无机磷的螯合物,不能被植物利用。

(3)颗粒无机磷在沉积层的厌氧环境中被释放形成正磷酸根离子。

(4)沉积层的磷酸根离子被植物吸收。

正磷酸根离子包括磷酸根离子(PO_4^{3-})、磷酸氢根离子(HPO_4^{2-})和

磷酸二氢根离子($H_2PO_4^-$),三者之间可互相转化,其转化和动态平衡
受湿地土壤和水体 pH 的控制。尽管土壤中有较多的磷,但它通常以
有机磷和磷酸盐的形式存在,不能为植物直接吸收利用,植物只能吸收
可溶性的磷酸根离子。因此,磷仍然是湿地生态系统的短缺营养和限
制因子。如果过量的磷进入湿地生态系统,势必会引起湿地水环境的
富营养化,可见,磷是湿地污染的重要营养元素之一。磷在湿地水环境
中的迁移转化如图 2-2 所示。

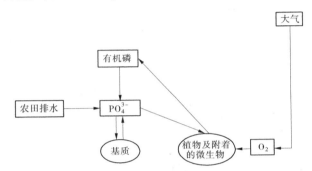

图 2-2　磷在湿地水环境中的迁移转化

2.2.2　湿地中磷的水化学

　　湿地为磷各种形态的相互转化提供了环境,可溶性的磷可以被植
物吸收,转化成植物细胞中的磷或者吸附在湿地土壤中而沉淀下来。
有机磷被氧化会以溶解磷的形式释放出来。在某些环境条件下,非溶
解性的磷可以沉淀下来,但是在条件改变时又可以溶解。

　　湿地环境中的主要磷化合物是溶解性磷酸盐、固体矿物质磷酸盐
和固体有机磷。在溶解状态时,无机磷的主要存在形式与 H^+ 的离解和
溶液的 pH 有关。

$$H_3PO_4 \rightleftharpoons H_2PO_4^- + H^+$$
$$H_2PO_4^- \rightleftharpoons HPO_4^{2-} + H^+$$
$$HPO_4^{2-} \rightleftharpoons PO_4^{3-} + H^+$$

在一定条件下,多种阳离子以磷酸盐的形式沉淀下来,在湿地环境

中，一些重要的矿物质沉淀是磷灰石 $Ca_5(PO_4)_3(F,Cl,OH)$、羟基磷灰石 $Ca_5(PO_4)_3OH$、磷铝石 $Al(PO_4)\cdot 2H_2O$、红磷铁矿 $Fe(PO_4)\cdot 2H_2O$、蓝铁矿 $Fe_3(PO_4)_2\cdot 8H_2O$、银星石 $Al_3(OH)_3(PO_4)_3\cdot 5H_2O$。

磷还能和其他矿物［如氢氧化铁 $Fe(OH)_3$］和碳酸盐矿物［如方解石碳酸钙 $CaCO_3$］一起沉淀。磷酸盐矿物质的化学转变非常复杂，因此有关磷酸盐可溶性的定量计算是不可能的。在酸性湿地土壤中的磷可以和铝盐或铁盐沉淀下来；在碱性湿地土壤中，磷可以和钙及镁沉淀下来；在还原条件下，会使含铁的矿物质溶解，使磷释放出来。硫酸盐在还原条件下，产生游离的硫化物，形成硫酸铁 $Fe_2(SO_4)_3$，阻止磷酸盐和铁离子的矿化。

气态形式的磷化氢（PH_3）是湿地环境中的一种重要潜在化合物。磷化氢在较高的气压下溶于水，在极低的氧化还原电位条件下可以和甲烷一起释放出来。在匈牙利的一个人工湿地中曾测得磷化氢的释放量，估计有 $1.7\ g/(m^3\cdot a)$ 的磷以这种形式释放出来。

2.2.3　湿地中磷的植物化学

所有有机体的组织中都含有磷元素，因此磷存在于所有湿地生物及其残体中。各种植物的新鲜叶子中，磷占其总质量的 0.1% ~ 0.4%。在自然条件下，35 种湿地植物中，磷的含量占 0.08% ~ 0.63%。相同的湿地植物在不同的地点的磷含量相差不大。

如果湿地由贫营养状态到富营养状态，植物组织中的磷含量明显增加。据报道，湿地系统中，植物中磷的含量为干重的 0.06% ~ 0.48%，且随着排水距离的增加而减少。

微生物死亡后形成的残屑中，其磷含量比土壤和蔬菜中的含量高，例如，种植香蒲植物的泥炭地中，磷元素含量可达到 0.57%。

2.2.4　生物对磷的吸收和储存

在大多数自然条件下，磷的含量比较稀少，来自于大气中的磷也相对更少，因此自然生态系统（包括湿地）有很多方法和途径截留及利用这种元素。在湿地系统中，磷的循环是高效和广泛的。

湿地植物在一个生长周期内,湿地系统对磷的持续去除量通常少于植物所吸收代谢的磷。湿地中所有的微生物都要经历生长、死亡和部分分解的循环过程。对于一个湿地系统,其总生物量(包括正在生长的、已经死亡的和已经散落的)在特定时间段内是保持恒定的。

在某一时间段内,某种地表植物生长的速率定义为总初级产率 $[g/(m^3 \cdot a)]$。在同一时间内,部分地上植物也在死亡。净初级产率是总速率减去死亡率。现存的生物量是某一段时间内正在生长或已死亡的植物总量。大多数地表植物的叶子和茎在整个生长季节都持续生长,在生长后期最终成为可测量的现存生物量。在这种条件下,植物的生长率是植物结束生长时现存生物总量与总初级产率的比值。

在北方冬季寒冷环境条件下,地表植物的生物量每年更新 1~2 次,生长时间为一年的 1/3 左右。而在南方温暖气候条件下,植物的生长率较高,植物的生长季节会持续更长的时间。实际上,根据植物循环,在同一生长季节,植物的生长速率是基本相同的,与地理位置无关,只不过这种循环在寒冷地区的冬季是停止的。

在温暖季节,植物散落物降解至稳定状态需要 12~24 个月。散落物占生物量的比重较小,因此这些残余固体的累积并不大。生长或死亡的微生物群落很难进行量化,但是相对于大型植物和散落的生物量,这个量是很小的。如果生物量中除了大型植物的散落物,仅以可悬浮物质的量表征,则处理过污水的湿地生物量在 20~80 g/m^3。

湿地中有机体的生长和组织合成需要磷。微生物群落(包括细菌、真菌、藻类)的摄取较快,这些生物体生长和再生的速率较快。通过放射性磷^{32}P 对湿地的微观研究表明,磷在生物体内的代谢时间少于 1 h,其中90%以上在6 h 后释放出来。

大型植物对磷的摄取和代谢要慢一些,大部分通过土壤中的根系来吸收,磷在大型植物中的摄取时间为一周左右。磷作为一种营养物质在湿地中可以促进植物的生长和生物量的增加,整个循环分解过程需要几个月的时间,在湿地中生物对磷吸收的增长是短期过程,这种生物量的增长不能作为湿地长期可持续的除磷保障。

植物根系构成了磷储存的重要组成部分,它们位于土壤的上层,从土壤中吸收磷并通过解吸作用、化学结合的逆转和在孔隙水中的扩散作用得以利用。上层土壤活性较强,而根系下面的土壤相对缺乏活性。磷的循环和储存涉及一系列复杂的过程,在湿地中植物对磷的代谢并不代表湿地对磷的去除能力,大多数磷会重新分解到水中,在生物循环过程中产生的散落物中没有分解的磷会长期沉积储存下来,成为含磷的难溶颗粒。

2.2.5 土壤和填充材料对除磷的作用

湿地中磷的去除有两个重要物理过程:一种是以颗粒形式沉淀于土壤中,另一种是以可溶性磷的形式被吸附。这种颗粒中含有可利用的和不可利用的两种形式的磷。如果这种颗粒存在于浮游生物体内,可以在浮游生物腐烂后分解为可溶性磷。颗粒中也可能含有不易被吸收的磷,这种磷以后也可以解析出来。如果颗粒中含有的磷为不溶物质或难溶解的有机磷化合物,则磷可以通过沉积过程永久去除。

所有湿地土壤都有吸附和储存磷的能力,不同的湿地存在差异。对于表面流湿地,这种储存能力会很快丧失。相比之下,利用潜流湿地系统,可以采用特殊的粒状填料来吸收和储存大量的磷,如富含铁、铝的材料,石灰石填料和特制的黏土都可以用来作为填料,提高磷的去除能力。

2.2.6 湿地中磷的去除机制

湿地对磷的去除是植物吸收、物理化学作用及微生物去除三方面共同作用的结果。

废水中无机磷在植物的吸收及同化作用下可变成植物的腺嘌呤核苷三磷酸 $C_{10}H_{16}N_5O_{13}P_3$(三磷酸腺苷,简称 ATP)、脱氧核糖核酸 DNA和核糖核酸 RNA 等有机成分,并通过植物的收割实现从湿地的去除,植物生长状况直接影响去除效果。尽管很多研究发现,植物、藻类等对无机可溶性磷酸盐的吸收作用并不明显,存留在植物凋落物中的磷很少,但不少试验系统中有植物和无植物的试验对比仍然可以看出,植物对磷有一定的净化效果。只是,不同的植物对磷的吸收能力有所不同。

有研究表明,沉水植物的磷吸收能力大于挺水植物和漂浮植物的磷吸收能力;在不同生长时期,植物对磷的吸收能力也不同,芦苇在春天生长初期对磷的吸收能力最强,此时芦苇中的磷含量能达到一生中最大值,而在秋冬季节吸收能力下降,甚至停止。研究表明,芦苇一年中收割两次对磷的去除率是一年收割一次的2倍多。

湿地对磷的物理化学作用主要包括填料对磷的吸附、填料与磷酸根离子之间的化学反应。有研究表明,加入系统中的磷主要留存在土壤中,土壤颗粒对磷酸盐的吸收是一个重要的转换过程,可溶性的无机磷化物很容易与土壤中的 Al^{3+}、Fe^{3+}、Ca^{2+} 等发生吸附和沉淀反应。可能的反应途径有:

$$Al^{3+} + PO_4^{3-} \longrightarrow AlPO_4 \downarrow$$
$$Fe^{3+} + PO_4^{3-} \longrightarrow FePO_4 \downarrow$$
$$5Ca^{2+} + 3PO_4^{3-} + OH^- \longrightarrow Ca_5(PO_4)_3OH \downarrow$$

在此过程中,pH 是影响除磷效果的重要因素之一。磷酸根与铝盐、铁盐在酸性条件下发生沉淀,而与钙盐在碱性条件下发生吸附沉淀。因此,有的试验将一定量的石灰石掺进基质土壤中,结果表明,石灰石的添加在一定程度上促进了磷的去除。土壤中的这些金属元素与磷的沉淀反应只是将磷持留在湿地中,并没有从湿地中去除,况且土壤中逐渐沉降的磷会最终达到饱和状态。有研究指出,当水中 CO_2 含量水平提高,pH 小于 8 时,70% ~ 90% 沉降的磷可转变为可溶性的磷,重新回到污水当中,这是湿地向环境释放磷的一个重要原因。湿地的还原作用可以产生 PH_3 从系统中逸失,但是由还原作用产生的 PH_3 量很少,不是磷去除的主要机制。因此,在初期,磷的物理化学作用将是湿地对磷去除的主要途径,但不是永久途径。

微生物对磷的去除包括它们对磷的正常同化(将磷纳入其分子组成)和对磷的过量积累。有机磷及溶解性较差的无机磷酸盐都必须经过磷细菌的代谢活动,将有机磷化合物转变成磷酸盐,将溶解性差的磷化合物溶解之后,才能将其从污水中去除。有研究表明,磷元素的去除率与根际中的磷细菌数目呈正相关,这正说明了微生物降解在磷的去除上同样占有重要的地位。

2.3　小　结

（1）湿地中的氮主要通过氨化过程、硝化过程、反硝化过程、固氮过程和氮的同化作用迁移转化。

（2）湿地去除氮的途径主要包括植物吸收、氨的挥发、介质的吸附及微生物的硝化-反硝化脱氮。

（3）磷主要通过地表径流流失，其转化过程主要包括四个过程：①来源于生物颗粒有机磷在微生物作用下形成可溶性有机磷，并进一步矿质化形成正磷酸根离子；②水体中和水土界面的磷酸根离子与无机离子（铁离子、钙离子、铝离子等）结合形成颗粒无机磷的螯合物，不能被植物利用；③颗粒无机磷在沉积层的厌氧环境中被释放形成正磷酸根离子；④沉积层的磷酸根离子被植物吸收。

（4）湿地对磷的去除是植物吸收、物理化学作用及微生物去除三方面共同作用的结果。

第 3 章　沟渠湿地水量数学模型

本书的沟渠湿地水量数学模型可以模拟降水入渗、蒸发、二维饱和－非饱和土壤的水分运动、沟渠水与土壤水相互作用等过程。模型是以 SWMS_2D 为基础建立起来的，可以处理大气(包括蒸发、降水和灌溉等)、排水沟、排水暗管、自由渗出面、深部排水、自由排水等水流边界条件及相应的溶质边界条件。本章详细介绍模型的各部分及其推导过程。

3.1　饱和－非饱和土壤水运动基本方程

土壤水分运动一般遵循达西定律，且符合质量守恒的连续性原理。土壤水分运动基本方程可通过达西定律和连续性方程进行推导。

如图 3-1 所示，从土壤中取一微分单元体 $abcdefgh$，其体积为 $\Delta x \Delta y \Delta z$。由于立方体很小，可认为在各个面上每一点的流速是相等的，设其流速分别为 v_x、v_y、v_z，沿 x 方向在 t—$t + \Delta t$ 时段内流入立方体的质量为 $\rho v_x \Delta y \Delta z \Delta t$。

其中，ρ 为水的密度；v_x 为 x 方向流入立方体的水流通量；Δy 为微分体 y 方向长度；Δz 为微分体 z 方向长度。

同理可得：

y 方向在 t—$t + \Delta t$ 时段内，流入立方体的质量为 $\rho v_y \Delta x \Delta z \Delta t$。

z 方向在 t—$t + \Delta t$ 时段内，流入立方体的质量为 $\rho v_z \Delta x \Delta y \Delta t$。

在 t—$t + \Delta t$ 时段内，流入立方体的总质量为：

$$m_\lambda = \rho v_x \Delta y \Delta z \Delta t + \rho v_y \Delta x \Delta z \Delta t + \rho v_z \Delta x \Delta y \Delta t \tag{3-1}$$

类同于 m_λ 的计算，在 t—$t + \Delta t$ 时段内，流出立方体的总水量为：

$$m_{出} = \rho \left(v_x + \frac{\partial v_x}{\partial x}\Delta x\right)\Delta y \Delta z \Delta t + \rho \left(v_y + \frac{\partial v_y}{\partial y}\Delta y\right)\Delta x \Delta z \Delta t + \rho \left(v_z + \frac{\partial v_z}{\partial z}\Delta z\right)\Delta x \Delta y \Delta t$$

$$\tag{3-2}$$

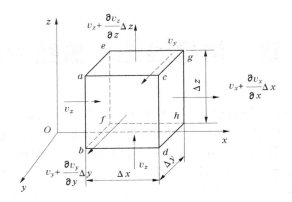

图 3-1 直角坐标系中渗流单元体示意

其中，$\dfrac{\partial v_x}{\partial x}\Delta x$、$\dfrac{\partial v_y}{\partial y}\Delta y$、$\dfrac{\partial v_z}{\partial z}\Delta z$ 分别为水流经过微分体后，流速分别在 x、y、z 方向的变化值。

由式(3-1)和式(3-2)之差可求得流入和流出立方体的质量差：

$$\Delta m = m_\text{入} - m_\text{出} = -\rho\left(\frac{\partial v_x}{\partial x} + \frac{\partial v_y}{\partial y} + \frac{\partial v_z}{\partial z}\right)\Delta x\Delta y\Delta z\Delta t \tag{3-3}$$

设 θ 为立方体内土壤含水率，在 t—$t+\Delta t$ 时段内，则立方体内质量的变化还可写成：

$$\Delta m = \rho\frac{\partial \theta}{\partial t}\Delta x\Delta y\Delta z\Delta t \tag{3-4}$$

根据质量平衡原理，式(3-3)和式(3-4)应相等，有：

$$\frac{\partial \theta}{\partial t} = -\left(\frac{\partial v_x}{\partial x} + \frac{\partial v_y}{\partial y} + \frac{\partial v_z}{\partial z}\right) \tag{3-5}$$

应用爱因斯坦求和约定，式(3-5)可表示成：

$$\frac{\partial \theta}{\partial t} = -\frac{\partial v_i}{\partial x_i} \tag{3-6}$$

其中，$i = 1$、2、3 分别表示 x、y、z 方向。

对于二维垂直横截面区域问题，式(3-6)中的水流通量可用达西定律表示，在非饱和各向异性土壤中的达西定律可写成：

$$v_i = - K_{ij} \nabla H_i \quad (i,j = x,z) \tag{3-7}$$

式中　v_i——在方向 i 上的水流通量；

　　　∇H_i——方向 i 上的水势梯度；

　　　K_{ij}——非饱和土壤水力传导度张量[LT^{-1}]。

$$\nabla H_j = \frac{\partial H}{\partial x_j} = \frac{\partial h}{\partial x_j} + \frac{\partial z}{\partial x_j} \quad (x_j = x,z) \tag{3-8}$$

$$K_{ij} = K K_{ij}^A \tag{3-9}$$

其中，K 为非饱和土壤水力传导度[LT^{-1}]；K_{ij}^A 为各向异性张量 K^A 的分量[-]，用来描述介质的各向异性，二维的各向异性张量 K^A 可表示如下：

$$[K^A] = \begin{bmatrix} K_{xx}^A & K_{xz}^A \\ K_{zx}^A & K_{zz}^A \end{bmatrix} \tag{3-10}$$

将式(3-8)、式(3-9)代入式(3-7)，有：

$$v_i = - K_{ij} \nabla H_j = - K \left(K_{ij}^A \frac{\partial h}{\partial x_j} + K_{ij}^A \frac{\partial z}{\partial x_j} \right) \quad (i,j = x,z) \tag{3-11}$$

当 $j = 1$ 即 $x_j = x$ 时，$\frac{\partial z}{\partial x} = 0$，当 $j = 2$ 即 $x_j = z$ 时，$\frac{\partial z}{\partial x} = 1$，因此式(3-11)可写成：

$$v_i = - K_{ij} \nabla H_j = - K \left(K_{ij}^A \frac{\partial h}{\partial x_j} + K_{iz}^A \right) \tag{3-12}$$

将式(3-12)代入式(3-6)，有：

$$\frac{\partial \theta}{\partial t} = \frac{\partial}{\partial x_i} K \left(K_{ij}^A \frac{\partial h}{\partial x_j} + K_{iz}^A \right) \tag{3-13}$$

在式(3-13)中加入根系吸水项或其他源汇项 S，便可得到非饱和土壤水分运动基本方程的一般形式如下，称 Richards 方程。

$$\frac{\partial \theta}{\partial t} = \frac{\partial}{\partial x_i} \left[K \left(K_{ij}^A \frac{\partial h}{\partial x_j} + K_{iz}^A \right) \right] - S \tag{3-14}$$

其中，θ 为土壤体积含水率[$L^3 L^{-3}$]；h 为土壤负压[L]；S 为根系吸水项或其他源汇项[T^{-1}]，其余符号意义同前。

3.2　根系吸水项处理

方程(3-14)中的根系吸水项 S 表示单位时间内植物根系从单位体积的土壤中吸取的水量。Feddes 定义 S 的表达式为：

$$S = \alpha(h)S_p \qquad (3\text{-}15)$$

其中，$\alpha(h)$ 表示土壤负压水头（或土壤含水率）对根系吸水的影响函数 $[-]$（$0 \leqslant \alpha \leqslant 1$），$\alpha$ 与 h 的函数关系如图 3-2 所示。

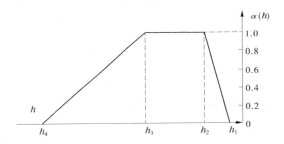

图 3-2　α 与 h 的函数关系示意

从图 3-2 中可以看出，当土壤接近饱和时，即 $h_1 \leqslant h \leqslant 0$ 时，根系不吸水；当 $h_2 \leqslant h < h_1$ 时，随着土壤含水率的减少和水分负压的增加，根系的吸水量线性增加；当 $h_3 \leqslant h < h_2$ 时，根系吸水量最大，等于根系潜在吸水量，此时 $\alpha(h) = 1$；当 $h_4 \leqslant h < h_3$ 时，随着土壤含水率的继续减少，根系的吸水量线性减少；当 $h > h_4$（作物达到凋萎点时的土壤负压）时，作物停止吸水，此时 $\alpha(h) = 0$。

式(3-15)中 S_p 表示与作物潜在蒸腾量有关的作物根系潜在吸水速率。当作物根系潜在吸水速率在矩形区域 Ω 内均匀分布时，如图 3-3(a)所示，作物根系潜在吸水速率 S_p 可由式(3-16)表示：

$$S_p = \frac{L_t T_p}{L_x L_z} \qquad (3\text{-}16)$$

式中　L_x——根系区的宽度[L]；

　　　L_z——根系区的深度[L]；

L_t——与作物蒸腾有关的地表宽度[L]，当 $L_t = L_x$ 时，$S_p = T_p/L_z$；

T_p——作物的潜在蒸腾速率[$\mathrm{LT^{-1}}$]。

当根系分布区域为不规则区域时，如图 3-3(b)所示，根系在土壤剖面中点 (x,z) 处的潜在吸水量可表示如下：

$$S_p = b(x,z)L_tT_p \tag{3-17}$$

将式(3-17)代入式(3-15)便可得到点 (x,z) 处实际的吸水量，即

$$S(h,x,z) = \alpha(h,x,z)b(x,z)L_tT_p \tag{3-18}$$

其中，$b(x,z)$ 为根系分布函数[$\mathrm{L^{-2}}$]，它描述了潜在根系吸水项 S_p 在根系区域的空间分布，可以由式(3-19)得到：

$$b(x,z) = \frac{b'(x,z)}{\displaystyle\int_{\Omega_R} b'(x,z)\,\mathrm{d}\Omega} \tag{3-19}$$

其中，Ω_R 指根系吸水区域[$\mathrm{L^2}$]；$b'(x,z)$ 是在输入文件中任意给定的分布系数[$\mathrm{L^{-2}}$]。

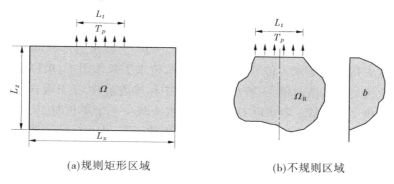

(a)规则矩形区域　　　　　　　　　(b)不规则区域

图 3-3　潜在根系吸水速率计算示意

SWMS_2D 将作物根系区域内的节点的根系吸水分布系数 $b(x,z)$ 都设置为大于 0，非作物区域的 $b(x,z)$ 都设置为 0，并假定作物根系吸水量在每个单元上都是线性变化的，这样可以根据式(3-18)近似计算出根系实际的吸水量 S。为了提高计算速度，S 只在前一时间点计算，且在当前时间点的迭代过程中并不更新，这样，相应的根系吸水项

$\{D\}_j$ 就只是前一时间点的值。

T_p 是作物的潜在蒸腾速率,在输入文件中给出。而在模拟过程中往往需要得到作物的实际蒸腾速率 T_a。注意到 $\int_{\Omega_R} b(x,z)\mathrm{d}\Omega = 1$,在区域 Ω_R 对式(3-17)两端积分,便可得到 S_p 和 T_p 之间的关系,如式(3-20)所示:

$$T_p = \frac{1}{L_t}\int_{\Omega_R} S_p\mathrm{d}\Omega \qquad (3-20)$$

于是土壤表面单位长度作物的实际蒸腾速率 T_a 可由式(3-18)在区域 Ω_R 上的积分获得:

$$T_a = \frac{1}{L_t}\int_{\Omega_R} S\mathrm{d}\Omega = T_p\int_{\Omega_R} \alpha(h,x,z)b(x,z)\mathrm{d}\Omega \qquad (3-21)$$

3.3　土壤的水分运动参数

3.3.1　水分运动参数的推求关系式

土壤水分运动中的主要参数有含水率 θ、土壤水力传导度 K 和容水度 C 等。土壤水力传导度 K 是指在单位水头差作用下,单位断面面积上流过的水流通量,一般在饱和土壤中称渗透系数,是土壤含水率或土壤负压的函数。容水度 C 表示压力水头减少一个单位时,从单位体积土壤中释放出来的水体体积,它是负压的函数,为水分特征曲线上任一特定含水率 θ 值时的斜率的负倒数。

含水率 θ、土壤水力传导度 K 和土壤负压 h 的关系比较复杂,目前通常由试验资料合成经验公式来表示它们之间的关系。SWMS_2D 目前用 Van Genuchten 方程的改进模型来表示土壤体积含水率 θ 和土壤水力传导度 K 与土壤负压 h 的关系(见图3-4)。

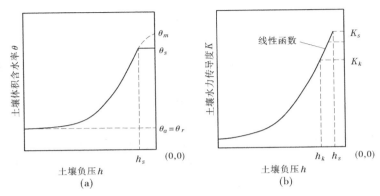

图 3-4　土壤体积含水率和土壤水力传导度与土壤负压的关系

$$\theta(h) = \begin{cases} \theta_a + \dfrac{\theta_m - \theta_a}{(1 + |\alpha h|^n)^m} & (h < h_s) \\ \theta_s & (h \geqslant h_s) \end{cases} \quad (3\text{-}22)$$

$$K(h) = \begin{cases} K_s K_r(h) & (h \leqslant h_k) \\ K_k + \dfrac{(h - h_k)(K_s - K_k)}{h_s - h_k} & (h_k < h < h_s) \\ K_s & (h \geqslant h_s) \end{cases} \quad (3\text{-}23)$$

式中

$$K_r = \frac{K_k}{K_s} \left(\frac{S_e}{S_{ek}} \right)^{\frac{1}{2}} \left[\frac{F(\theta_r) - F(\theta)}{F(\theta_r) - F(\theta_k)} \right]^2 \quad (3\text{-}24)$$

$$F(\theta) = \left[1 - \left(\frac{\theta - \theta_a}{\theta_m - \theta_a} \right)^{\frac{1}{m}} \right]^m \quad (3\text{-}25)$$

$$m = 1 - \frac{1}{n} \quad (n > 1) \quad (3\text{-}26)$$

$$S_e = \frac{\theta - \theta_r}{\theta_s - \theta_r} \quad (3\text{-}27)$$

$$S_{ek} = \frac{\theta_k - \theta_r}{\theta_s - \theta_r} \qquad (3\text{-}28)$$

$$h_s = -\frac{1}{\alpha} \left[\left(\frac{\theta_s - \theta_a}{\theta_m - \theta_a} \right)^{-\frac{1}{m}} - 1 \right]^{\frac{1}{n}} \qquad (3\text{-}29)$$

$$h_k = -\frac{1}{\alpha} \left[\left(\frac{\theta_k - \theta_a}{\theta_m - \theta_a} \right)^{-\frac{1}{m}} - 1 \right]^{\frac{1}{n}} \qquad (3\text{-}30)$$

其中，θ_r 为残余体积含水率(即最大分子持水率)[$L^3 L^{-3}$]；θ_s 为饱和体积含水率[$L^3 L^{-3}$]；K_r 为相对非饱和水力传导率 [-]；K_s 为饱和水力传导度[LT^{-1}]；S_e 为饱和度 [-]；θ_a 和 θ_m 为土壤含水率和土壤负压关系曲线(即水分特征曲线)上两个假定值，且置 $\theta_a = \theta_r$，而 a 和 n 都是经验常数。

式(3-22)~式(3-30)中共有9个参数需要输入，分别为 θ_r、θ_s、θ_a、θ_m、α、n、K_s、K_k、θ_k。

3.3.2　水分运动参数的插值计算

可以看到，如果已知某个有限元节点上的负压值 h，则可以通过 3.2.1 节给出的关系式分别求出该节点的含水率 θ、土壤水力传导度 K、容水度 C。必须注意，这种转化计算非常复杂，在实际的编程过程中如果这种计算过多，将会对程序的运行速度造成影响。因此，在 SWMS_2D 中，通常在程序开始运行时根据已知的土壤参数形成 θ、K、C 三个函数表，在以后的时间迭代过程中通过插值的方式确定 θ、K、C。除了非常简单的水分运动模型，这种插值的做法比直接用 3.2.1 节给出的关系式计算水力参数更快一些。

在模拟开始前，SWMS_2D 将输入文件指定的插值区间(h_a , h_b)划分为很多细小区间(h_i , h_{i+1})，用 3.2.1 节给出的关系式计算出每一个小区间的端点负压值 h_i 对应的 θ_i、K_i 和 C_i，形成了相应的土壤含水率、土壤水力传导度、土壤容水度的表格，每种土壤类型都对应了这三套插值表格。在模拟过程中，首先确定当时的负压值 h 所处的负压区间(h_i , h_{i+1})，然后用三套插值表格中对应的区间(θ_i , θ_{i+1})、

(K_i, K_{i+1}) 和 (C_i, C_{i+1}) 的端点值来插值计算出负压值 h 对应的 $\theta(h)$、$K(h)$ 和 $C(h)$ 值。如果负压值 h 落在区间 (h_a, h_b) 外,则水力参数不用插值,直接用 3.2.1 节介绍的关系式计算。

注意划分负压的插值区间 (h_i, h_{i+1}) 时的原则是相邻的负压值以对数形式增加,即

$$\frac{h_{i+1}}{h_i} = 常数 \tag{3-31}$$

3.3.3　水分运动参数的标定

土壤特性在空间分布是非均一的,即使在同一时刻相距很近的点,其基本参数值也是不同的,这种土壤特性在空间上分布的差异性称为土壤特性的空间变异性。SWMS_2D 采用标定系数简单地描述渗流区域内非饱和土壤水分运动参数的空间变异性,即通过对每一点选取适当的比例系数,将空间变异的 $\theta(h)$、$K(h)$ 关系,标定为对各点土壤均适用的 $\theta^*(h^*)$、$K^*(h^*)$ 关系,这样就可以用标定后的关系式代替各点均不相同的关系式。这种处理方式来源于 Miller and Miller,他认为多孔介质仅区别于它们的内部几何。Simmons et al. 扩充了这种处理的使用范围,他认为几何形态不同,但是水分运动参数表现出"比例相似"特性的土壤也可适用这种处理。按照这种思路,SWMS_2D 引入了三个独立的标定系数来定义土壤水分运动参数空间变异性的线性模型 Vogel et al. ,如下所示:

$$K(h) = \alpha_K K^*(h^*)$$
$$\theta(h) = \theta_r + \alpha_\theta [\theta^*(h^*) - \theta_r^*] \tag{3-32}$$
$$h = \alpha_h h^*$$

其中,α_θ、α_h、α_K 分别为含水率、土壤负压、水力传导度的标定系数。在多数情况下,三个因子相互独立;在某些情况下,三个因子之间存在某种关系。例如,Miller and Miller 处理的最初形式是 $\alpha_\theta = 1$(同时 $\theta_r^* = \theta_r$)和 $\alpha_K = \alpha_h^{-2}$。

3.4　各向异性张量的处理

在各向异性介质中,水力传导度 K 是个张量,与渗透方向有关;水力坡度(即 $\dfrac{\partial H}{\partial x_i}$)和渗透速度 v_i 的方向是不一致的,但是在二维问题中,在某两个方向上,两者是平行的,而且这两个方向是相互正交的,这两个方向称为主方向,在这两个方向上的水力传导度称为主值。SWMS_2D 为每个单元建立一个与单元的两个主方向平行的局部坐标系,在该局部坐标系下的各向异性张量 K^A 可以表示为一个对角线矩阵,而对角线上的两个元素 $K_{\eta\eta}^A$、$K_{\xi\xi}^A$ 就是各向异性张量 K^A 的两个主值。如果知道局部坐标系和全局坐标系的夹角(即某个主方向与全局坐标系的夹角),则在全局坐标系下的各向异性张量 K^A 可以由上面的对角线矩阵表示出来。

如图 3-5 所示,SWMS_2D 在输入文件中为每一个单元都指定了局部坐标系下各项异性张量的主值 $K_{\eta\eta}^A$、$K_{\xi\xi}^A$ 及主方向 $K_{\eta\eta}^A$ 与全局坐标轴 x 方向的夹角 α(逆时针为正),并将每一个单元在全局坐标系下的各向异性张量 K^A 用主值 $K_{\eta\eta}^A$、$K_{\xi\xi}^A$ 和夹角 α 表示如下:

$$\left[K^A\right] = \begin{bmatrix} K_{xx}^A & K_{xz}^A \\ K_{zx}^A & K_{zz}^A \end{bmatrix} = \left[T\right] \begin{bmatrix} K_{\eta\eta}^A & 0 \\ 0 & K_{\xi\xi}^A \end{bmatrix}^{\mathrm{T}} \left[T\right]^{\mathrm{T}} \tag{3-33}$$

其中, $T = \begin{bmatrix} \cos\alpha & -\sin\alpha \\ \sin\alpha & \cos\alpha \end{bmatrix}$,由此可得:

$$\left.\begin{aligned} K_{xx}^A &= K_{\eta\eta}^A \cos^2\alpha + K_{\xi\xi}^A \sin^2\alpha \\ K_{zz}^A &= K_{\eta\eta}^A \sin^2\alpha + K_{\xi\xi}^A \cos^2\alpha \\ K_{xz}^A &= K_{zx}^A = (K_{\eta\eta}^A - K_{\xi\xi}^A)\sin\alpha\cos\alpha \end{aligned}\right\} \tag{3-34}$$

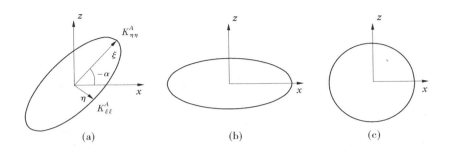

图 3-5 张量示意

3.5 边界条件的处理

3.5.1 边界条件的类型

整个数值模拟区域的边界可区分为以下几类基本边界条件：

(1)第一类边界,已知压力水头的边界条件,称 Dirichlet 边界,可表示为：

$$h_1(x,z,t) = \phi(x,z,t) \quad (x,z) \in \Gamma_D \quad (3\text{-}35)$$

式中　$\phi(x,z,t)$——边界上已知的压力水头函数。

(2)第二类边界,已知流量的边界条件,称 Neumann 边界,可表示为：

$$-K(K_{ij}^A \frac{\partial h}{\partial x_j} + K_{iz}^A)n_i = \sigma_1(x,z,t) \quad (x,z) \in \Gamma_N \quad (3\text{-}36)$$

其中, $\sigma_1(x,z,t)$ 为已知流量边界上的流量函数,流量的方向与沿边界的外法线单位向量 $\vec{n_i}$ 方向一致时,该函数为正值。

(3)第三类边界,已知梯度的边界条件,如下表示：

$$(K_{ij}^A \frac{\partial h}{\partial x_j} + K_{iz}^A)\vec{n_i} = \sigma_2(x,z,t) \quad (x,z) \in \Gamma_G \quad (3\text{-}37)$$

式中　σ_2——沿边界段 Γ_G 的达西水流速度,m/s；

$\vec{n_i}$——沿边界的外法线单位向量。

除了式(3-35)~式(3-37)所给出的这几种基本边界条件,SWMS_2D还考虑了三种随外部条件变化而变化的混合边界条件,这三种混合边界条件在程序中按照一定的判断条件最终都将处理成三类基本边界条件。

第一种是大气边界,即土壤-大气界面。在这种条件下,边界上的流量一方面由外部条件控制,另一方面又与土壤的湿润程度有关。受这两种因素的制约,大气边界可能在已知流量边界和已知水头边界两种边界之间来回切换。

第二种是渗出面边界。计算区域内的饱和部分的水将从渗出面流出区域,此时,渗出面的长度事先无法得知。SWMS_2D 假定沿着渗出面的压力水头始终等于 0,还假定通过渗出面离开饱和区域的水流立即以地面径流等形式流走。

第三种边界是排水管边界。与渗流面相似,SWMS_2D 假定只要排水管位于饱和区域,沿着排水管的压力水头值将等于 0,此时,排水管起着压力水头汇的作用。而排水管位于非饱和区域时,则认为其为流量为 0 的已知流量边界。

3.5.2　第一类边界的处理

第一类边界上的边界节点的压力水头已知,与之相应的有限元方程在原则上可以从最后形成的矩阵方程中消除。SWMS_2D 选用的一种消除方法是直接用已知的节点压力水头 h_n 来代替该项节点方程:

$$\delta_{nm} h_m = \phi_n \tag{3-38}$$

式中　δ_{nm}——Kronecker 函数;

ϕ_n——节点 n 上已知的水头值。

而其他方程中该节点压力水头 h_n 都用已知值 ϕ_n 来代替,并且矩阵方程中等号左边含有 ϕ_n 的项都移到方程右边已知的向量中去。经过这样的处理可以保持矩阵方程的对称性。

以上的处理方法在使用高斯消去法解矩阵方程时采用,与用共轭梯度法解矩阵方程时采用的处理方法有些不同,只是将节点方程的左边设置为一个较大数(1 030),将该节点方程的右边设置成已知水头值 ϕ_n 与这个较大数的乘积。

3.5.3　第二类边界和第三类边界的处理

第二类边界为已知流量的边界,其边界上的流量 σ_n 是已知的,因此第二类边界节点的 Q_n 项可以由式(3-39)直接计算得到,式中符号意义详见第 4 章。

$$Q_n = -\sum_e \sigma_{1l} \int_{\Gamma_e} \phi_l \phi_n \mathrm{d}\Gamma = -\sum_e \sigma_n \lambda_n \qquad (3\text{-}39)$$

对于第三类边界节点,其边界的表达形式为:

$$(K_{ij}^A \frac{\partial h}{\partial x_j} + K_{iz}^A) n_i = \sigma_2(x,z,t) \quad (x,z) \in \Gamma_G \qquad (3\text{-}40)$$

这种边界条件在实际应用中并不多见,McCord 指出这类边界条件最合适的应用情况就是地下水位远远低于研究区域而模拟区域底部边界是自由排水的情况。因此,SWMS_2D 只在处理自由排水边界时将边界处理成已知梯度的边界,此时水流类似于一维垂向的运动,而且 $\frac{\partial h}{\partial z} = 0$,而在一维情况下,$-K \frac{\partial(h+z)}{\partial z} = \sigma$,因此 $\sigma = -K$,即在垂向方向上的流量为 $-K$;在二维情况下,垂向方向上的流量即 $-K(K_{ij}^A \frac{\partial h}{\partial x_j} + K_{iz}^A) n_i$,则有 $-K(K_{ij}^A \frac{\partial h}{\partial x_j} + K_{iz}^A) n_i = -K$,因此式(3-40)中 $\sigma_2(x,z,t) = 1$。

因此对于第三类边界节点的 Q_n 项,计算式也不是式(3-39),而是式(3-41):

$$Q_n = \sum_e \int_{\Gamma_e} K(K_{ij}^A \frac{\partial h}{\partial x_j} + K_{iz}^A) n_i \phi_n \mathrm{d}\Gamma = -\sum_e \frac{1}{2} K_n L_n \qquad (3\text{-}41)$$

3.5.4 大气边界和渗出面边界的处理

SWMS_2D 将大气边界条件简化处理成第一类边界或第二类边界中的一种。大气边界在不同的时段是属于已知流量边界还是已知水头边界,由式(3-42)和(3-43)来确定:

$$\left| K\left(K_{ij}^{A} \frac{\partial h}{\partial x_j} + K_{iz}^{A} \right) n_i \right| \leqslant E \tag{3-42}$$

$$h_A \leqslant h \leqslant h_s \tag{3-43}$$

其中,E 为在当前边界条件下边界的最大潜在入渗强度或蒸发强度;h 为边界上的水头值;h_A 和 h_s 分别为在土壤条件下允许的最小和最大的压力水头,h_A 的值通常根据土壤水分和大气中的水汽之间的压力平衡条件来决定,h_s 一般设置为 0,即不考虑地表积水、地表超渗的水量,立即流走。

根据式(3-42)或(3-43)的条件满足与否,大气边界的类型在已知流量和已知水头两种基本边界类型间进行切换。如果式(3-43)不满足,节点就是一个已知的水头节点,若在任何时间点,计算流量超过了式(3-42)指定的潜在流量,节点就作为一个已知流量节点,流量为潜在流量值。

对于渗出面边界,在程序模拟的时间内有可能成为渗出面的所有节点必须事先指出。在每次迭代期间,潜在渗出面的饱和部分处理成水头为 0 的已知水头边界,而非饱和部分则处理成流量 Q 为 0 的已知流量边界。两个部分的长度在迭代的过程中不断地调整,直到饱和部分流量 Q 的计算值[由式(3-39)计算]和非饱和部分水头的计算值都为负值,此时表明水流仅通过渗出面边界的饱和部分离开计算区域。

第 4 章　模型的数值求解

一般来说,对于偏微分方程可以通过解析法和数值法求解。解析法可以得到方程的精确解,这只在方程形式较简单且边界比较规则的情况下可行,一般在方程形式及边界问题比较复杂的情况下大多采用数值解法。在数值解法上,一般以有限差分法和有限元法应用较多,各有适用的范围。有限元法是由我国数学家冯康等于 1956 年最先提出的,当时广泛应用于结构力学。至 20 世纪 60 年代末,Javende(1968年)将有限元法引用到地下水流问题的求解。随着电子计算机技术的飞速发展,有限元法同有限差分法等数值方法一样,已成为解决复杂水文地质渗流问题及溶质运移问题的有效方法。

有限元法是利用剖分插值把区域连续求解的微分方程或偏微分方程离散成求解线性或非线性代数方程组,以近似解代替精确解。按照所依据的原理不同,有限元法可分为里兹有限元法和加权余量有限元法。这两种方法都可以有效地用于求解地下水运动问题。里兹有限元法仅适用于对称正定算子,因此用里兹有限元法求解水动力弥散方程时,寻求相应的泛函比较困难,常要求对方程进行适当变换,去掉一阶导数项,使变换后的方程为自伴的,用有限元法求得的方程组对称正定,易于求解。但是,这种变换多为指数变换,当 Peclet 数较大时,变换会引入较大的误差,有时由于指数过大,数值处理会产生溢出。加权余量有限元法可以不加限制地将一般的微分方程通过方程余量和权函数正交化途径,化为代数方程组而获得近似解。由于该方法不要求寻找与微分方程相应的泛函,所以无论对自伴、非自伴或非线性问题都可以求解。因此,加权余量有限元法,尤其迦辽金有限元法在求解水动力弥散方程中应用较广。在本数值模型中,水流方程及铵态氮、硝态氮的水动力弥散方程均将通过迦辽金有限元法进行求解。

4.1 模型的基本方程

模型的基本方程已经在第 3 章推出,方程为:

$$\frac{\partial \theta}{\partial t} = \frac{\partial}{\partial x_i}\left[K\left(K_{ij}^A \frac{\partial h}{\partial x_j} + K_{iz}^A\right)\right] - S \tag{4-1}$$

式中 θ ——土壤体积含水率$[L^3L^{-3}]$;

h ——土壤负压$[L]$;

S ——根系吸水项或其他源汇项$[T^{-1}]$;

K_{ij}^A ——各向异性张量 K^A 的分量$[-]$;

K ——非饱和土壤水力传导度$[LT^{-1}]$。

4.2 空间离散

先将计算区域 Ω 剖分成有限个三角形单元组合的网格系统,再将每个三角形单元顶点作为计算节点按逆时针进行编号,区域内的负压值 $h(x,z,t)$ 用 $h'(x,z,t)$ 来近似代替:

$$h'(x,z,t) = \sum_{n=1}^{N} \phi_n(x,z)h_n(t) \tag{4-2}$$

其中,ϕ_n 是线性插值基函数,满足 $\phi_n(x_m,z_m) = \delta_{nm}$;$h_n(t)$ 是方程(4-1)在节点上的未知解;N 是节点总数。

将方程(4-1)写成迦辽金有限元方程的形式:

$$\int_{\Omega}\left\{\frac{\partial \theta}{\partial t} - \frac{\partial}{\partial x_i}\left[K\left(K_{ij}^A \frac{\partial h}{\partial x_j} + K_{iz}^A\right)\right] + S\right\}\phi_n \mathrm{d}\Omega = 0 \tag{4-3}$$

用 h' 代替式(4-3)中的 h,并应用格林公式,可得到:

$$\sum_e \int_{\Omega_e}\left(\frac{\partial \theta}{\partial t}\phi_n + KK_{ij}^A \frac{\partial h'}{\partial x_j} \frac{\partial \phi_n}{\partial x_i}\right)\mathrm{d}\Omega = \sum_e \int_{\Gamma_e} K\left(K_{ij}^A \frac{\partial h'}{\partial x_j} + \right.$$

$$\left. K_{iz}^A\right)n_i\phi_n\mathrm{d}\Gamma + \sum_e \int_{\Omega_e}\left(- KK_{iz}^A \frac{\partial \phi_n}{\partial x_i} - S\phi_n\right)\mathrm{d}\Omega \tag{4-4}$$

式中 Ω_e ——单元 e 所代表的计算区域;

Γ_e ——单元 e 的边界段。

最终形成矩阵方程如下：

$$[F]\frac{\mathrm{d}\{\theta\}}{\mathrm{d}t} + [A]\{h\} = \{Q\} - \{B\} - \{D\} \tag{4-5}$$

其中

$$F_{nm} = \delta_{nm}\sum_e\int_{\Omega_e}\phi_n\mathrm{d}\Omega = \delta_{nm}\sum_e\frac{1}{3}A_e \tag{4-6}$$

$$A_{nm} = \sum_e K_l K_{ij}^A\int_{\Omega_e}\phi_l\frac{\partial\phi_m}{\partial x_j}\frac{\partial\phi_n}{\partial x_i}\mathrm{d}\Omega$$

$$= \sum_e\frac{\kappa}{4A_e}\overline{K}[K_{xx}^A b_m b_n + K_{zz}^A(c_m b_n + b_m c_n) + K_{zz}^A c_n c_m] \tag{4-7}$$

$$Q_n = -\sum_e\sigma_{1l}\int_{\Gamma_e}\phi_l\phi_n\mathrm{d}\Gamma = -\sum_e\sigma_n\lambda_n \tag{4-8}$$

$$B_n = \sum_e K_l K_{iz}^A\int_{\Omega_e}\phi_l\frac{\partial\phi_n}{\partial x_i}\mathrm{d}\Omega = \sum_e\frac{\kappa}{2}\overline{K}(K_{xz}^A b_{n+} K_{zz}^A c_n) \tag{4-9}$$

$$D_n = -\sum_e S_l\int_{\Omega_e}\phi_n\phi_l\mathrm{d}\Omega = \sum_e\frac{\kappa}{12}A_e(3\overline{S} + S_n) \tag{4-10}$$

其中，$l = 1,2,\cdots,N, m = 1,2\cdots,N, n = 1,2,\cdots,N$

$$\begin{cases} b_i = z_j - z_k, & c_i = x_k - x_j \\ b_j = z_k - z_i, & c_j = x_i - x_k \\ b_k = z_i - z_j, & c_k = x_j - x_i \end{cases} \tag{4-11}$$

$$A_e = \frac{c_k b_j - c_j b_k}{2} \tag{4-12}$$

$$\overline{K} = \frac{K_i + K_j + K_k}{3} \tag{4-13}$$

$$\overline{S} = \frac{S_i + S_j + S_k}{3} \tag{4-14}$$

式(4-6)~式(4-10)既适合笛卡儿直角坐标系下的平面形式的二维流，也适合轴对称形式的三维流，此时 x 指半径坐标。

对于平面流,有

$$\kappa = 1, \quad \lambda_n = \frac{L_n}{2} \tag{4-15}$$

对于三维轴对称流,有

$$\kappa = 2\pi \frac{x_i + x_j + x_k}{3}, \quad \lambda_n = L_n \pi \frac{x'_n + 2x_n}{3} \tag{4-16}$$

式(4-7)~式(4-16)中的下角标 i、j、k 分别指单元 e 的三个顶点; A_e 指单元 e 的面积; $\overline{K}$ 和 $\overline{S}$ 分别指水力传导度和根系吸水项在单元 e 上的平均值; L_n 指与节点 n 相连系的边界段的长度; x'_n 是指与节点 n 相连的一个边界节点的 x 坐标; σ_n 是指在边界节点 n 所代表的附近边界上通过的流量 $[LT^{-1}]$(流出计算区域为正)。每个边界节点所控制的边界段上的边界流量都假定是相同的。

应该注意的是, Q_n 这一项反映的是节点上流出计算区域的流量值,节点在区域上所处的位置或性质不一样,则计算式也不一致。对于一般的内部节点,这一项都为 0;如果是内部源汇节点, Q_n 直接等于已知的补给或抽水流量;对于边界上的节点,式(4-8)只能计算第二类边界节点的 Q_n 值,只有第二类边界节点的边界流量值 σ_n 才是已知的。第一类边界和第二类边界上的节点 Q_n 值的计算方法见后面边界节点处理的相关章节。

在生成矩阵方程的过程中,SWMS_2D 做了两个重要的假定。第一个是假定含水率对时间的导数可以通过加权求得:

$$\frac{\mathrm{d}\theta_n}{\mathrm{d}t} = \frac{\sum_e \int_{\Omega_e} \frac{\partial \theta}{\partial t} \phi_n \mathrm{d}\Omega}{\sum_e \int_{\Omega_e} \phi_n \mathrm{d}\Omega} \tag{4-17}$$

该假设采用的质量集中法可以加快迭代解法过程中的收敛。

第二个假定是各向异性张量 K^A 在每个单元格内都视为一个常数,而体积含水率 θ、水力传导度 K 和土壤容水度 C、根系吸水项 S 在一个时间点上每一个单元格内都是线性变化的。这样假定的好处是可通过线性插值来计算矩阵方程的系数,而减少数值积分的使用。

4.3 时间离散

式(4-5)中的时间 t 被离散成一系列小的时间段,对时间的微分由有限差分代替。在默认情况下,渗流区域中的饱和部分和非饱和部分都用隐式(向后)差分格式计算:

$$[F]\frac{\{\theta\}_{j+1}-\{\theta\}_j}{\Delta t_j}+[A]_{j+1}\{h\}_{j+1}=\{Q\}_{j+1}-\{B\}_{j+1}-\{D\}_j$$

$$(4\text{-}18)$$

其中,下角标 $j+1$ 代表当前的时间点;j 代表前一个时间点;Δt_j 代表两个时间点的时间间隔,即 $\Delta t_j=t_{j+1}-t_j$。注意,向量 $\vec{Q}$ 和向量 $\vec{B}$ 为当前时间点的值。

求解水流方程中采用的迭代方法对如何处理式(4-18)中的含水率项 $\dfrac{\mathrm{d}\theta}{\mathrm{d}t}$ 十分敏感,SWMS_2D 目前采用了一种称为"质量守恒"的方法来减小求解过程中的水量平衡误差。这种方法在迭代过程中将式(4-18)中的第一项分成两个部分:

$$[F]\frac{\{\theta\}_{j+1}-\{\theta\}_j}{\Delta t_j}=[F]\frac{\{\theta\}_{j+1}^{k+1}-\{\theta\}_{j+1}^{k}}{\Delta t_j}+[F]\frac{\{\theta\}_{j+1}^{k}-\{\theta\}_j}{\Delta t_j}$$

$$(4\text{-}19)$$

其中,上角标 $k+1$ 表示当前迭代;k 表示上一次迭代;下角标 $j+1$ 表示当前时间点;j 表示前一时间点。

注意到式(4-19)中右端第二项对于当前迭代来说是已知的。把式(4-19)中右端第一项转化成用水头表示,得:

$$[F]\frac{\{\theta\}_{j+1}-\{\theta\}_j}{\Delta t_j}=[F][C]_{j+1}^{k}\frac{\{h\}_{j+1}^{k+1}-\{h\}_{j+1}^{k}}{\Delta t_j}+$$

$$[F]\frac{\{\theta\}_{j+1}^{k}-\{\theta\}_j}{\Delta t_j}\qquad(4\text{-}20)$$

其中,$C=\dfrac{\partial\theta}{\partial h}$,矩阵 $[C]$ 是和 $[F]$ 一样的对角矩阵,其矩阵元素为

$C_{nm} = \delta_{nm} C_n$；C_n 是节点 n 的容水度 $[L^{-1}]$，表示压力水头减少一个单位时，单位体积土体所能释放出来的水体体积。

注意到当迭代过程结束时（即迭代满足精度要求时），式（4-20）中右端第一项应该约等于 0。

这样经过处理之后，式（4-18）变成如下形式：

$$[F][C]_{j+1}^k \frac{\{h\}_{j+1}^{k+1} - \{h\}_{j+1}^k}{\Delta t_j} + [F] \frac{\{\theta\}_{j+1}^k - \{\theta\}_j}{\Delta t_j} + [A]_{j+1}^k \{h\}_{j+1}^{k+1}$$
$$= \{Q\}_{j+1}^k - \{B\}_{j+1}^k - \{D\}_j$$

整理得：

$$\left(\frac{[F][C]_{j+1}^k}{\Delta t_j} + [A]_{j+1}^k \right) \{h\}_{j+1}^{k+1} = \frac{[F][C]_{j+1}^k}{\Delta t_j} \{h\}_{j+1}^k -$$
$$[F] \frac{\{\theta\}_{j+1}^k - \{\theta\}_j}{\Delta t_j} + \{Q\}_{j+1}^k - \{B\}_{j+1}^k - \{D\}_j \qquad (4-21)$$

式（4-21）左端和右端分别合并，在程序中形成最终形式 $[A]\{h\} = \{B\}$，这时就可以利用一些标准的算法如高斯消去法或共轭梯度法求解。

4.4　求解思路

式（4-21）中的系数 θ、A、B、C 和 Q（仅对于三类边界条件）都是水头值 h 的函数，因此该方程组是高度非线性的，在每个 Δt_j 时段必须对系数矩阵进行迭代计算。

迭代的思路如下：在迭代开始之前，令 $\{h\}_{j+1}^0 = \{h\}_j$，作为当前时间点的水头初始值，据此值分别计算式（4-21）中当前时间点上的相应系数 θ_{j+1}^0、A_{j+1}^0、B_{j+1}^0、C_{j+1}^0 和 Q_{j+1}^0 等，代入式（4-21）形成线性代数方程组，求解该方程组得到解 $\{h\}_{j+1}^1$，然后比较 $\{h\}_{j+1}^0$ 和 $\{h\}_{j+1}^1$。如果两者之间满足迭代精度要求，则认为 $\{h\}_{j+1}^1$ 就是该计算时段 Δt_j 的准确值 $\{h\}_{j+1}$，迭代过程就此结束，转入下一时间步长，进行新的计算；否则，由 $\{h\}_{j+1}^1$ 重新计算新的系数 θ_{j+1}^1、A_{j+1}^1、B_{j+1}^1、C_{j+1}^1 和 Q_{j+1}^1，代入式（4-21）

形成新的线性代数方程组,再次求解方程组,直到 $\{h\}_{j+1}$ 的新旧值满足迭代精度要求。当然有时候可能会出现迭代不收敛的情况,这时候或缩减时间步长或调整隐式差分格式为显式差分格式,重新开始迭代过程。

4.5　水量平衡计算

SWMS_2D 在预先设定的时间对预先选择的分区进行水量平衡计算。每一个分区的水量平衡信息包括分区的总水量 V 和流入(或流出)分区的速率 O,计算式如下:

$$V = \sum_e \kappa A_e \frac{\theta_i + \theta_j + \theta_k}{3} \tag{4-22}$$

$$O = \frac{V_{new} - V_{old}}{\Delta t} \tag{4-23}$$

其中, θ_i 、θ_j 、θ_k 分别是单元 e 的节点含水率; V_{new} 、V_{old} 分别是分区在当前时间层和前一时间层的总水量。

式(4-22)的累计计算包括了分区内的所有单元。

水量平衡的绝对误差按式(4-24)计算:

$$\varepsilon_a^w = V_t - V_0 + \int_0^t T_a L_t \mathrm{d}t - \int_0^t \sum_{n_r} Q_n \mathrm{d}t \tag{4-24}$$

其中, V_t 、V_0 分别是水流区域在时间 t 和时间 0 时按式(4-22)计算的水量。而等式右边第三项表示根系吸水累计值,第四项表示通过节点 n_r 流量的累计值,包括水流区域的边界节点和内部源汇节点。

一般用水量平衡的相对误差 ε_r^w 来评价数值解法的精确度:

$$\varepsilon_r^w = \frac{100 |\varepsilon_a^w|}{\max \left(\sum_e |V_t^e - V_0^e|, \int_0^t T_a L_t \mathrm{d}t + \int_0^t \sum_{n_r} Q_n \mathrm{d}t \right)} \tag{4-25}$$

其中, V_t^e 、V_0^e 分别是单元 e 在时间 t 和时间 0 时的水量。

注意式(4-25)的分母不是计算区域的总水量,而是两项的最大值,第一项是所有单元含水量改变量的绝对值之和,第二项是进出水流区域的所有流量的绝对值之和。这样计算的误差比用计算区域总水量来计算误差更为严格,累计的边界流量往往比区域内的水量小得多,尤其是在模拟开始时更为明显。

第 5 章　边界处理及计算结果可视化

5.1　边界处理

SWMS_2D 应用程序能够处理各种各样的边界条件,如蒸发–入渗边界、渗出面边界、排水管边界、隔水边界、定水头边界、变水头边界、定流量边界、变流量边界、深层排水边界、自由排水边界等,适用的边界情况相当广泛,给水流的模拟工作带来了很多的便利。然而,在实际工作过程中遇到的情况比较复杂,不是所有边界情况目前的这些程序都能够考虑得到,本章研究的就是一种当前的程序都不能进行处理的边界情况。

本书中出现的边界条件有:

(1)田间降雨积水面、入渗面。

(2)沟渠中自由渗出面、入渗面。

(3)地下水自由水面。

(4)对称边界面。

5.1.1　田间降雨积水、入渗面

这种边界是对蒸发–入渗边界条件的一个补充。目前的程序在处理蒸发–入渗边界条件时,往往假设边界上的水头值不能大于阈值 0,当降雨(灌溉)强度过大,超过土壤实际的入渗能力时,边界上的水头值按照阈值 0 处理。这种处理方式实际上是假定当给定的降雨(灌溉)强度超过边界的入渗能力时,超渗的水量立即形成地表径流流走,不再参与入渗过程。

这种边界的处理方式是符合一定的物理现象的,当在大区域范围

内结合降雨蒸发条件模拟计算区域内的地下水的补给时,此时如果降雨强度过大,来不及入渗的水量就会形成地表径流流走,不参与补给地下水,是实际的物理现象。因此,对于这种模拟情况,我们认为这种边界处理方式是适用的。对于一些对入渗过程有特殊要求的模拟情况(如田间的灌溉),此时即使灌溉流量较大,由于田埂的阻挡,暂时入渗不下去的水量也不会形成地表径流流走,而是在田间形成水层,在随后的数天内才入渗完毕。此时的入渗总水量是已知的,但是如果按照目前的处理方式,一旦出现超渗现象,实际的入渗总量比已知的入渗总量小,因此会造成水量损失,影响模拟计算结果的正确性。因此,有必要考虑一种能够代表这种田间灌溉情况的复合边界条件,使之能够描述以下过程:灌溉开始时,灌溉流量较大,超过土壤的入渗能力,由于田埂的阻挡作用,多余水量不能形成表面径流流走,田间土壤表面开始蓄起水层,并且水层逐渐加厚;灌溉停止后,地表水层逐渐下渗,水层变薄,地表水量完全入渗到土壤中。

5.1.1.1　模型的推导

按照以上假设,考虑在二维情况下宽度为 L_e 的一段边界,当该边界段上已经积水的高度为 $h(\mathrm{m})$ 时,通过该边界的实际入渗流量根据达西定律可以表达为:

$$- K\left(K_{ij}^{A} \frac{\partial h}{\partial x_j} + K_{iz}^{A} \right) \overrightarrow{n_i} \tag{5-1}$$

式中　K——饱和/非饱和渗透系数;

　　　K_{ij}^{A}——各向异性张量的分量;

　　　$x_j(j = 1, 2)$——空间坐标;

　　　$\overrightarrow{n_i}$——沿边界段的单位外法向向量。

按照质量守恒原理,灌溉水量和实际入渗量之差等于该边界上蓄起的水量的变化量。假设该边界段在 Δt 时段之间水层的变化厚度为 Δh ,在时段 Δt 之间平均的蓄水深度为 $\overline{h}$, $I(t)$ 为作用在其上的灌溉强度、蒸发强度,与边界上的外法向方向一致时为正[灌溉时 $I(t)$ 为负值],则有下式成立:

$$- \Delta h \times L_e \approx I(t) \times L_e \times \Delta t - \left[- K \left(K_{ij}^A \frac{\partial h}{\partial x_j} + K_{iz}^A \right) n_i \times L_e \times \Delta t \right]$$

$$(5\text{-}2)$$

式(5-2)左端的负号是因为当灌溉强度大于边界的实际入渗流量时,右端为负值,但水头差 Δh 为正。整理后可得:

$$- \frac{\Delta h}{\Delta t} \approx I(t) + \left[- K \left(K_{ij}^A \frac{\partial h}{\partial x_j} + K_{iz}^A \right) n_i \right] \qquad (5\text{-}3)$$

当 Δt 趋向 0 时,可以写成:

$$- \frac{\partial h}{\partial t} = I(t) + \left[- K \left(K_{ij}^A \frac{\partial h}{\partial x_j} + K_{iz}^A \right) n_i \right] \qquad (5\text{-}4)$$

在没有蓄起水层之前,土壤表层水头 $h \leqslant 0$,给定的灌溉(蒸发)强度等于边界上实际的流量,此时的边界条件可以表达为:

$$0 = I(t) + \left[- K \left(K_{ij}^A \frac{\partial h}{\partial x_j} + K_{iz}^A \right) n_i \right] \qquad (5\text{-}5)$$

综上所述,按照以上推导积水边界条件可以表达为:

$$\begin{cases} - \dfrac{\partial h}{\partial t} = I(t) + \left[- K \left(K_{ij}^A \dfrac{\partial h}{\partial x_j} + K_{iz}^A \right) n_i \right] & h > 0, \quad (x_1, x_2) \in R_I \\ 0 = I(t) + \left[- K \left(K_{ij}^A \dfrac{\partial h}{\partial x_j} + K_{iz}^A \right) n_i \right] & h \leqslant 0, \quad (x_1, x_2) \in R_I \end{cases}$$

$$(5\text{-}6)$$

式(5-6)中 R_I 为土壤–大气边界。

5.1.1.2　积水边界在有限元求解过程中的离散

参考第 4 章水流模型的求解过程,对于二维饱和–非饱和渗流模型,其控制方程的一般形式为:

$$\frac{\partial \theta}{\partial t} = \frac{\partial}{\partial x_i} \left[K \left(K_{ij}^A \frac{\partial h}{\partial x_j} + K_{iz}^A \right) \right] - S \qquad (5\text{-}7)$$

其中,θ 为土壤含水率;t 为时间;S 为源汇项;其余符号意义如上所述。

如果用有限元法对式(5-7)进行空间离散,则可以得到以下方程组:

$$\sum_e \int_{\Omega_e} \frac{\partial \theta}{\partial t} \phi_n d\Omega + \sum_e \int_{\Omega_e} KK_{ij}^A \frac{\partial h}{\partial x_j} \frac{\partial \phi_n}{\partial x_i} d\Omega = \sum_e \int_{\Gamma_e} K(K_{ij}^A \frac{\partial h}{\partial x_j} + K_{iz}^A) n_i \phi_n d\Gamma -$$

$$\sum_e \int_{\Omega_e} KK_{iz}^A \frac{\partial \phi_n}{\partial x_i} d\Omega - \sum_e \int_{\Omega_e} S\phi_n d\Omega \qquad (5\text{-}8)$$

其中，ϕ_n 为线性插值基函数，$h'(x,z,t) = \sum_{n=1}^{N} \phi_n(x,z) h_n(t)$ ($n=1$, $2,\cdots,N$)，N 为节点个数；Ω_e 为三角形单元面积；Γ_e 为三角形单元在边界上的边长。

式(5-8)共有五项积分，如果写成矩阵方程的形式，则可得：

$$[F] \frac{d\{\theta\}}{dt} + [A]\{h\} = \{Q\} - \{B\} - \{D\} \qquad (5\text{-}9)$$

如果对式(5-9)中的时间项采用隐式差分(向后差分)的格式，则可以得到数值计算的求解格式：

$$[F] \frac{\{\theta\}_{j+1} - \{\theta\}_j}{\Delta t_j} + [A]_{j+1}\{h\}_{j+1} = \{Q\} - \{B\}_{j+1} - \{D\}_j \qquad (5\text{-}10)$$

其中，$j+1$ 代表当前的时间层；j 代表前一时间层。Δt_j 代表两个时间层的时间间隔，即 $\Delta t_j = t_{j+1} - t_j$。

注意到系数 θ、A、B 都是水头值 h 的函数，因此方程组(5-10)是一个高度非线性的方程组，一般在求解过程中通过迭代法进行求解。

注意到式(5-9)中右端第一项 $\{Q\}$ 为边界上的流量项，因此如果已知边界上的流量大小，如：

$$-K(K_{ij}^A \frac{\partial h}{\partial x_j} + K_{iz}^A) n_i = I(x,z,t) \quad (x,z) \in \Gamma_N \qquad (5\text{-}11)$$

则：

$$Q_n = \sum_e \int_{\Gamma_e} K(K_{ij}^A \frac{\partial h}{\partial x_j} + K_{iz}^A) n_i \phi_n d\Gamma$$

$$= -\sum_e \int_{\Omega_e} I(x,z,t) \phi_n d\Omega = -\sum_e I_n \frac{L_n}{2} \qquad (5\text{-}12)$$

其中，I_n 为节点 n 上作用的灌溉强度、蒸发强度；L_n 为边界上与节点 n 相邻的三角形的边长。

因此,对于积水边界表达式(5-6),当边界上的水头值 $h \leqslant 0$ 时,可以直接利用式(5-12)计算 Q_n,此时积水边界条件实际上是第二类边界(流量边界)。

但是对于积水边界条件中 $h > 0$ 的情况,由于积水边界表达式中包括 $\dfrac{\partial h}{\partial t}$ 项,边界项 Q_n 尚无法确定。为了得到 Q_n 的表达式,可以利用式(5-6)中的第一个等式,即

$$Q_n = \sum_e \int_{\Gamma_e} K(K_{ij}^A \frac{\partial h}{\partial x_j} + K_{iz}^A) n_i \phi_n \mathrm{d}\Gamma = \sum_e \int_{\Gamma_e} \left[-\frac{\partial h}{\partial t} - I(x,z,t) \right] \phi_n \mathrm{d}\Gamma \tag{5-13}$$

对式(5-13)中右端第一项(时间项)使用质量集中法,即

$$\frac{\partial h_n}{\partial t} = \frac{\sum_e \int_{\Gamma_e} \frac{\partial h}{\partial t} \phi_n \mathrm{d}\Gamma}{\sum_e \int_{\Gamma_e} \phi_n \mathrm{d}\Gamma} \tag{5-14}$$

可得:

$$\sum_e \int_{\Gamma_e} -\frac{\partial h}{\partial t} \phi_n \mathrm{d}\Gamma = -\left(\sum_e \int_{\Gamma_e} \phi_n \mathrm{d}\Gamma \right) \frac{\partial h_n}{\partial t} = -\left(\sum_e \frac{L_n}{2} \right) \frac{\partial h_n}{\partial t} \tag{5-15}$$

结合式(5-12)、式(5-13)、式(5-15),可得在 $h > 0$ 时,对于积水边界条件 Q_n 的表达式可以写为:

$$Q_n = \sum_e \int_{\Gamma_e} K(K_{ij}^A \frac{\partial h}{\partial x_j} + K_{iz}^A) n_i \phi_n \mathrm{d}\Gamma = -\left(\sum_e \frac{L_n}{2} \right) \frac{\mathrm{d}h_n}{\mathrm{d}t} - \sum_e I_n \frac{L_n}{2} \tag{5-16}$$

对于式(5-16)中的时间项同样使用隐式差分格式,则可得:

$$Q_n = -\left(\sum_e \frac{L_n}{2} \right) \frac{h_n^{j+1} - h_n^j}{\Delta t_j} - \sum_e I_n \frac{L_n}{2} \tag{5-17}$$

假设式(5-10)的最简矩阵求解方程为:

$$[G]\{h\}_{j+1} = \{g\} \tag{5-18}$$

式(5-17)表明:对于积水边界条件 $h > 0$ 时的情况,与 $h \leqslant 0$ 时的情

况相比,参考式(5-12),对于积水边界节点 n ,只要把矩阵 $[G]$ 中的 G_{nn} 修改成 $G_{nn} + \dfrac{\sum_e \dfrac{L_n}{2}}{\Delta t_j}$,并且在右端项 $\{g\}$ 中把 g_n 修改成 $g_n + \dfrac{h_n^j \sum_e \dfrac{L_n}{2}}{\Delta t_j}$ (对于当前时间层 $j+1$, h_n^j 是已知的),其余保持不变,这样,在迭代过程中可以通过判断积水边界节点上水头值的正负来决定是否修改矩阵方程,从而处理积水边界问题。

对于积水边界条件 $h>0$ 时的情况,当第 $j+1$ 个时间层的结果通过迭代法求解出来之后,即假设已经求出 $\{h\}_{j+1}$,则可以通过积水边界处的节点方程准确计算节点处的流量。假设节点 n 为积水边界节点,由式(5-10)和式(5-17)可知:

$$Q_n = -\left(\sum_e \frac{L_n}{2} \right) \frac{h_n^{j+1} - h_n^j}{\Delta t_j} - \sum_e I_n \frac{L_n}{2}$$

$$= F_{nm} \frac{\theta_m^{j+1} \theta_m^j}{\Delta t_j} + A_{nm}^{j+1} h_m^{j+1} + B_n^{j+1} + D_n^j \tag{5-19}$$

其中, $m = 1, 2, \cdots, N$, N 为节点个数。

说明对于积水边界节点,其边界流量计算式和第一类边界节点是一致的。

5.1.2　沟渠中自由渗出面、入渗面

这种边界条件是对自由渗出面的补充。本书中的沟渠边界,不是单纯的自由渗出面或入渗面,而是两种边界的复合边界。

如图5-1所示,沟渠中,水面以下(BC)为入渗边界,水面以上(AB)为自由渗出边界。降雨后(T_1 时刻),直接降入沟渠内的雨水和田间产流的水使沟渠中水深增加,原来为自由渗出边界的(BD)变为入渗边界。

5.1.2.1　模型的推导

在 AC 边上任取一点 P , P 点纵坐标为 z ,沟内水深为 H ,当 $z > H$ 时,点 P 为自由渗出边界;当 $z \leqslant H$ 时,点 P 为入渗边界。

(1)当 $z > H$ 时,首先假设 P 点水头为0,由式(5-1)求出 Q 值,如

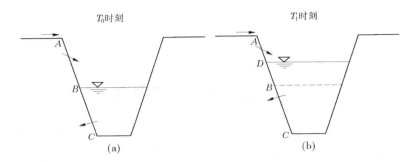

图5-1 渗出面边界示意

果 $Q \leqslant 0$(自由边界有入渗水量),说明 P 点不应该有水量渗出,P 点应为第二类边界,$Q_P = 0$;如果 $Q > 0$(即有水量渗出),说明 P 点为自由渗出面,$h_P = 0$。

(2)当 $z \leqslant H$ 时,由式(5-1)计算 Q 值。

综上所述,模型为:

(a) $z > H$ and $Q > 0$

$h = 0$ $(x_1, x_2) \in \Gamma$

(b) $z > H$ and $Q \leqslant 0$

$Q = 0$ $(x_1, x_2) \in \Gamma$

(c) $z \leqslant H$

$h = H - z$ $(x_1, x_2) \in \Gamma$

其中,z 为边界点 P 的纵坐标;H 为沟内水深,m;Q 为渗入量、渗出量$[mT^{-1}L^{-1}]$,$Q = -K(K_{ij}^A \dfrac{\partial h}{\partial x_j} + K_{iz}^A) n_i$;$\Gamma$ 为沟渠的边界;$x_i (i = 1, 2)$ 为空间坐标。

5.1.2.2 边界模型的有限元离散

(1)在上面边界条件中,(a)和(c)为第一类边界条件,Q_n 可以在同一时间层内迭代求解出所有节点的压力水头后,通过显式计算对应于节点 n 的节点方程得到 Q_n,其计算式如下:

$$Q_n = F_{nm} \frac{\theta_m^{j+1} - \theta_m^{j}}{\Delta t_j} + A_{nm}^{j+1} h_m^{j+1} + B_n^{j+1} + D_n^{j}$$

其中,符号意义如前。

(2)上面边界条件(b)的边界为第二类边界条件,可直接将 $Q=0$ 代入方程求解。

5.2　计算结果可视化

科学计算可视化是用图形或图像表示科学计算可视化过程中的数据及计算结果的数据,便于人们分析和理解这些数据。可视化技术不仅能够提高海量数据的处理效率,而且在不可见数据场方面更能显示其特长,这在温度场、应力场、电磁场、流场等数据场的分析过程中发挥了重要作用。

本书所得到的结果为计算区域的土壤含水率分布、土壤负压分布、达西流速分布和排水沟的水位变化过程等,其中前三项结果数据量非常大,每一次模拟输出一年的数据,每天又包括所有计算点的计算机算值。应用结果可视化技术可以得到湿地运行的全貌,使得设计、修改非常方便。

本书使用的可视化方法为基于 OpenGL 的可视化开发,使用的开发语言为 Visual C++6.0。

5.2.1　OpenGL 简介

OpenGL 是目前用于开发可移植的、可交互的 2D 和 3D 图形应用程序的首选环境,也是目前应用最广泛的计算机图形标准,从本质上讲,它是一个 3D 图形和模型库,具有高度的可移植性,并且具有非常快的速度。OpenGL 是 SGI(Silicon Graphics, Inc)硅图公司开发的一套计算机图形处理系统,是图形硬件的软件接口,GL(Graphics Library)代表图形库。OpenGL 具有可移植性,任何一个 OpenGL 应用程序无须考虑其运行环境所在平台与操作系统,在任何一个遵循 OpenGL 标准的环境下都会产生相同的可视效果。OpenGL 不是一种编程语言,而是一种 API(Application Programming Interface,应用程序编程接口)。当我们说某个程序是基于 OpenGL 的或者说它是个 OpenGL 程序,意思是说它是用某种编程语言如 C 或 C++编写的,其中调用了一个或多个 OpenGL 库函数。作为一种 API,OpenGL 遵循 C 语言的调用约定。

OpenGL 具有如下特点:

(1)工业标准:OARB(OpenGL Architecture Review Board)联合会领导 OpenGL 技术规范的发展,OpenGL 有广泛的支持,它是业界唯一真正开发的、跨平台的图形标准。

(2)可扩展性:OpenGL 是低级的图形 API,具有充分的扩展性。目前,很多 OpenGL 开发商在 OpenGL 核心技术规范的基础上,增强了许多图形绘制功能,从而使 OpenGL 能随硬件和计算机图形绘制算法的发展而发展。对于硬件特性的升级可以体现在 OpenGL 扩展机制及 OpenGL API 中,成功的 OpenGL 扩展会被融入未来的 OpenGL 版本之中。

(3)可靠度高:利用 OpenGL 技术开发的应用图形软件与硬件无关,只要硬件支持 OpenGL API 标准就行了,即 OpenGL 应用可以运行在支持 OpenGL API 标准的任何硬件上。

(4)灵活性:尽管 OpenGL 有一套独特的图形处理标准,但各平台开发商可以自由地开发适合于各自系统的 OpenGL 实例。在这些实例中,OpenGL 功能可由特定的硬件实现,也可以用纯软件编程实现,或者以软、硬件结合的方式实现。

(5)可伸缩性:基于 OpenGL API 的图形应用程序,可运行在多种系统上,包括各种用户电子设备、PC(Personal Computer,个人计算机)、工作站及超级计算机。

(6)易使用:OpenGL 的核心图形函数功能强大,带有大量可选参数,这使得源程序显得非常紧凑;OpenGL 可以利用已有的其他格式的数据源进行三维物体建模,极大提高了软件的开发效率;采用 OpenGL 技术,开发人员几乎可以不用了解硬件的相关细节,便可利用 OpenGL 开发高质量的图形应用程序。

(7)简化软件开发:从渲染一个简单的几何点、线或填充多边形到生成最复杂的光照和纹理映射的 NURBS(Non-Uniform Rational B-Splines,非均匀有理 B 样条)曲面,OpenGL 例程简化了图形软件的开发。软件开发者可以获取几何和图像图元、显示列表、模型变换、光照和纹理、反走样、混合和其他一些特征。

不同平台的 OpenGL 实现程序包括了 OpenGL 函数的完全实现。OpenGL 标准已经与 C、C++、Fortran、Ada 和 Java 语言捆绑。利用 OpenGL 函数编写的程序很容易移植到其他的平台上,使编程效率大大提高,缩短了产品的开发周期。

所有的 OpenGL 状态元素,甚至纹理内存和帧缓存的内容,都可以通过其应用程序获得。OpenGL 也支持二维图像的可视化应用程序,将二维图像看作图元,可以像三维几何实体操作那样进行操作。

(8)高级 API 的建立:高级软件开发者可以用 OpenGL 强大的渲染库创建 2D 和 3D 图形的高级 API。开发者利用 OpenGL 提供的广泛支持为市场提出解决方案。例如,Open Inventor 提供了一个跨平台的用户接口和灵活的场景,使创建 OpenGL 应用程序更容易。IRIS Performer 除具有 OpenGL 的功能之外,还提供其他的特征。OpenGL Optimizer 是一个基于复杂曲面建模的实时交互、修改和渲染工具,这在 CAD/CAM 和创建特殊效果时经常遇到。Fahrenheit Scene Graph 利用 OpenGL 的功能提供了一个应用平台和 API,减少了开发时间,增强了性能和可视化效果。

OpenGL 的主要图形功能如下:

(1)累积缓存:在累积缓存中,多个渲染的帧组合产生单个的图像,用于产生各种效果,如域的深度、移动模糊和整个场景、反走样。

(2)Alpha 混合:提供生成透明实体的一种方法。使用 Alpha 可以定义从完全透明到完全不透明实体。

(3)反走样:一种用于绘制光滑线条和曲线的方法。该方法将与线条相近的像素平均分配颜色。它减少了线条上和与线条相近的像素的平移,从而看起来更加光滑。

(4)颜色索引模式:颜色缓存存储颜色的索引值,而不是红、绿、蓝和 Alpha 值。

(5)显示列表:一组 OpenGL 命令的命名清单。显示列表的内容经过预先处理,因而执行起来比在即时模式下运行相同的命令更加迅速。

(6)双缓存:用于实体的光滑动画。运动实体的每个连续的场景可以先在后缓存中构造,然后显示。它只允许完整的图像显示在屏幕上。

（7）反馈：OpenGL 将处理过的几何信息（颜色、像素位置等）返回给应用程序的模式。这是与直接绘图到帧缓存对比而言的。

（8）Gouraud 阴影：穿过一个多边形或线段的光滑插值。颜色在顶点赋值,并穿过图元进行线性插值,以便产生一个较为光滑的颜色变化。

（9）即时模式：OpenGL 命令在调用时执行,而不是通过显示列表执行。

（10）材质光照和阴影：根据表面的材质属性,准确计算任意点颜色的能力。

（11）像素操作：存储、变换、映射、放缩。

（12）多项式求值器：支持非均匀有理 B 样条（NURBS）。

（13）图元：点、线、多边形、位图或图像。光栅图元有位图和像素矩形。

（14）RGBA 模式：颜色缓存存储红、绿、蓝和 Alpha 值,而不是颜色的索引值。

（15）选取与拾取：OpenGL 决定用户指定的某个图元是否绘制在希望的帧缓存区。

（16）模板平面：用于掩盖颜色帧缓存中单个像素的缓存。

（17）纹理映射：将纹理应用到图元的过程。这个技术用于产生真实的图像。例如,可以在绘制的桌面上应用木纹的纹理,使其看起来像是真的。

（18）变换：在 3D 坐标空间上旋转实体,改变实体大小及透视变换等。

（19）Z 缓存：用于确定实体的某一部分比另一部分与观察者更近,这在消除隐藏面时很重要。

OpenGL 具有多种用途,从 CAD 工程和建筑应用程序到那些在恐怖科幻电影中用来实现计算机生成鬼怪特效的建模程序。将工业标准的 3D API 引入到拥有广大用户的操作系统,如 Microsoft Windows 和 Macintosh OSX 中,从根本上说,OpenGL 就是为了 3D 几何图形处理而量身定做的。

5.2.2　OpenGL 的工作机制和基本工作流程

OpenGL 是一种过程性的图形 API，它并不是描述性的。事实上，程序员并不需要描述场景的性质和外观，而是事先确定一些操作步骤。这些步骤涉及许多 OpenGL 命令的调用。这些命令可以在三维空间中绘制各种图元，例如点、直线和多边形等。另外，OpenGL 还支持光照和着色、纹理贴图、混合、透明、动画及其他许多特殊的效果和功能。

OpenGL 并不包括任何用于窗口管理、用户交互或文件 I/O 的函数。每个宿主环境（例如 Microsoft Windows）拥有一些函数，它们实现了这些功能，并且负责实现一些方法，向 OpenGL 递交窗口绘制的图形。

5.2.2.1　软件实现

软件实现也称为泛型实现。硬件实现是为一种特定的硬件设备（如图形卡或图像生成器）所创建的。从技术上说，一个系统只要能够显示一种泛型实现所生成的图形图像，那么这种泛型实现就可以在这个系统上运行。

图 5-2 示意了当一个应用程序运行时，OpenGL 和软件实现所占据的典型位置。在典型情况下，程序将会调用许多函数，其中一些是由程序员编写的，另外一些则是由操作系统或编程语言的运行时函数库所提供的。想要在屏幕上创建输出的 Windows 应用程序，通常会调用一种叫作图形设备接口（GDI，Graphics Device Interface）的 Windows API。GDI 包含了很多方法，允许在窗口中编写文本、绘制简单的 2D 形状等。

通常，图形卡厂商会提供一个硬件驱动程序，GDI 接口可以使用这个驱动程序在监视器创建输出。OpenGL 的软件实现先接受应用程序的图形请求，构建（光栅化）3D 图形的一幅彩色图像。然后它把这幅图像提供给 GDI，后者将图像显示在显示器上。在其他操作系统中，工作原理也类似，只是用操作系统的本地显示服务来代替 GDI。

OpenGL 有一些常见的软件实现。Windows NT3.5 和 Windows 95（Service Release 2.0 以后）之后的每个版本都提供了 OpenGL 的软件

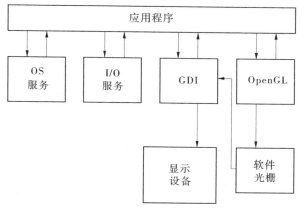

图 5-2　OpenGL 软件实现

实现。Windows 2000 和 Windows XP 也包含了对 OpenGL 的支持。SGI 为 Windows 发布了一个软件实现,其性能远远优于 Microsoft 的实现。这种实现并未受到官方的支持,但开发人员有时仍会用到它。MESA 3D 是另一种"非官方"的 OpenGL 软件实现,并受到开放源代码社区的广泛支持。MESA 3D 并非 OpenGL 许可,因此它是一种"似 OpenGL",而不是一种官方的实现。

5.2.2.2　硬件实现

　　OpenGL 的硬件实现通常采用图形卡驱动程序的形式。图 5-3 显示了它与应用程序的关系,其方式类似于图 5-2 所显示的软件实现。注意,OpenGL 调用将传递给硬件驱动程序,这个驱动程序并不把它的输出传递给 Windows GDI 进行显示,而是直接与图形显示硬件进行通信。

　　OpenGL 的硬件实现常常又称为加速实现,因为有硬件协助的 3D 图形的性能通常远远胜过单纯的软件实现。图 5-3 并没有显示一个事实:即使在 OpenGL 的硬件实现中,有时候它的部分功能仍然是由软件实现的,而这种软件实现属于驱动程序的一部分,其他的特性和功能可以直接传递给硬件。

　　当应用程序进行 OpenGL API 函数调用时,这些命令被放置在一

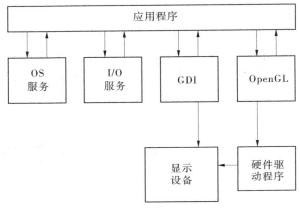

图 5-3　OpenGL 硬件实现

个命令缓冲区中。这个命令缓冲区最终填满了命令、顶点数据、纹理数据等。当缓冲区被刷新时(或者由程序控制,或者由驱动程序的设计所决定),命令和数据就被传递给管线的下一个阶段。图 5-4 提供了 OpenGL 渲染管线的一个简化视图。虽然比较简单,但足以解释 3D 图形的渲染。从较高层次看,这个视图还是比较准确的,但是如果站在较低层次的角度,这里显示的每个框的内部应该还有许多框。

图 5-4　OpenGL 渲染管线的简化视图

　　早期的 OpenGL 硬件加速器只不过是对光栅化阶段进行了加速。在 OpenGL 的软件实现中,管线的转换和光照阶段是由宿主系统的 CPU 完成的。目前,即使是廉价的低端消费级硬件大多也在图形加速卡中支持 T&L 阶段。这种革新所带来的单纯效果就是在廉价的消费级硬件中以实时渲染的速度实现更为详细的模型和更为复杂的图形成为可能。

5.2.2.3　绘图的主要流程

在屏幕上显示图像的主要步骤如图 5-5 所示。

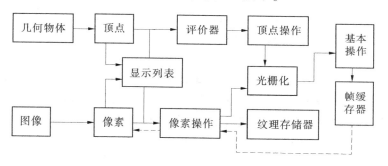

图 5-5　在屏幕上显示图像的主要步骤绘图流程

（1）构造几何要素（点、线、多边形、图像、位图），创建对象的数学描述。

（2）在三维空间上放置对象，选择有利的场景观察点。

（3）计算对象的颜色，这些颜色可能直接定义，或由光照条件及纹理间接给出。

（4）光栅化，把对象的数学描述和颜色信息转换到屏幕的像素。另外，也可能执行消隐，以及对像素的操作。

以下介绍 OpenGL 绘制图形的几种操作模式。

1. 几何操作

1）针对每个顶点的操作

每个顶点的空间坐标经模型取景矩阵变换，法向矢量由逆矩阵变换，若允许纹理自动生成，则由变换后的顶点坐标生成新的纹理坐标，替代原有的纹理坐标，经过当前纹理矩阵变换，传递到几何要素装配步骤。

2）几何要素装配

根据几何要素类型的不同，几何要素装配也不同。若使用平直明暗处理，线或多边形的所有顶点颜色相同；若使用剪裁平面，剪裁这些几何要素，此后每个顶点的空间坐标由投影矩阵变换，由标准取景平面

剪裁 $x = \pm w$，$y = \pm w$，$z = \pm w$；若使用选择模式，未被剪裁掉的几何要素生成一个选中报表，否则，投影矩阵除以 w，做视见区和深度范围操作；若几何要素是多边形，还要做剔除检验。最后根据点图案、线宽、点尺寸等生成像素段，并给其赋上颜色、深度值。

2. 像素操作

由主机读入的像素首先解压缩成适当的组份数目，然后数据放大、偏置并经过像素映射处理，根据数据类型限制在适当的取值范围内，最后写入纹理内存，在纹理映射中或使用光栅化成像素段。

若由帧缓冲区读入像素数据，则执行像素传输操作（放大、偏置、映射、调整），结果以适当的格式压缩并返回给处理器内存。像素拷贝操作相当于解压缩和传输操作的组合，只解压缩不是必需的，数据写入帧缓冲区前的传输操作是压缩，只有一次。

3. 像素段操作

若使用纹理化，每一个像素段由纹理内存产生纹素，如果还允许下面的操作，将做雾效果计算、反走样处理。其后进行剪裁处理、α 检验 [只在 RGBA（Red，Green，Blue，Alpha）模式下使用]、模板检验、深度缓冲区检验、抖动处理，若在指数模式下，对指定的值进行逻辑操作，若在 RGBA 模式下，则进行混合操作。

根据 OpenGL 所处的模式不同，由颜色屏蔽或指数屏蔽这个像素段，写入适当的帧缓冲区，若写入模板或深度缓冲区，在模板和深度检验后进行屏蔽，结果写入帧缓冲区而不做混合、抖动或逻辑操作。

5.2.2.4　OpenGL 的组成

OpenGL 由若干个函数库组成，这些函数库提供了数百条图形命令函数，但其中基本函数只有一百余条。这些命令函数涵盖了所有基本的三维图形绘制功能。OpenGL 由以下函数库组成。

1. OpenGL 核心库

OpenGL 核心库包含 OpenGL 最基本的命令函数，它们可以在任何 OpenGL 平台上实现应用。这些函数包括用来建立几何模型的图元、描述、坐标变换、颜色与光照、纹理映射、缓冲区操作、曲线曲面计算、模式控制及查询等几乎所有的三维图形操作。OpenGL 核心库中的函数均以"gl"关键字为前缀。

2. OpenGL 实用程序库

OpenGL 实用程序库(GLU)是比核心库更高一层的实用函数的组合,也可看作是对核心库的扩充,它可进一步进行纹理映射、坐标变换、多边形区域分剖、一些简单多边形实体(如圆柱体、球体)的绘制。库中的函数均以"glu"关键字为前缀。

3. OpenGL 系统扩展库

OpenGL 是独立于任何窗口系统和操作系统的,还应当有相应的扩展库支持。

(1)OpenGL X 窗口系统扩展库(GLX, OpenGL Extension to the X Window System)。对于使用 X Window 环境的机器,GLX 提供了创建 OpenGL 的一种手段,GLX 中的函数均以"glx"为前缀。

(2)OpenGL Windows NT/98 专用函数(WGL, Windows Graphics Library)。WGL 提供了若干专用函数(以"wgl"为前缀)及若干 API 函数以支持 OpenGL 在 Windows NT/98 环境下的实现。

应当指出的是,WGL 与 GLX 的大部分函数有对等的功能,这保证了基于 X Window 与 Windows NT/98 的 OpenGL 应用程序的相互转换。

4. OpenGL 编程辅助库

OpenGL 编程辅助库与窗口系统和操作系统无关,用户可以假使用 OpenGL 其他命令函数那样为用户提供窗口管理、鼠标、键盘事件处理等函数,并提供若干个基本的三维几何对象的创建函数。OpenGL 编程辅助库包含 31 个函数,函数名前缀为"aux"。

5. OpenGL 实用程序工具包

OpenGL 实用程序工具包(GLUT, OpenGL Utility Toolkit)是一个能独立于操作系统编写 OpenGL 程序的实用工具包,它实现了一个简单的窗口 OpenGL 编程接口。它提供了方便的编程接口,因此写出的单独 OpenGL 程序不仅能在 win32PC 系统中运行,也能在 X11 工作站上运行。GLUT 包含大约 30 多个函数,函数名前缀为"glut"。

5.2.3 OpenGL 相关主要技术

5.2.3.1 坐标变换

三维几何对象是处于三维坐标中的几何图形,但计算机图形的点是生成三维对象的二维对象(图像位于二维的屏幕上)。因此,将几何对象的三维坐标转换到屏幕上的像素位置,需要经过一系列的变换。OpenGL 提供了计算机图形学中最基本的三维变换,包括视点变换、模型变换、投影变换、剪取变换(附加剪裁面)和视口变换等。同时,OpenGL 还有针对性地提供了一些特殊的变换和用法,如矩阵堆栈等。

通过矩阵相乘所形成的矩阵变换,包括造型、视图和投影变换(这些变换包括旋转、平移、反射、缩放、正交投影),结合这几种变换绘制场景。由于场景是在一个矩形窗口中绘制的,在窗口外的对象(或对象的一部分)被剪裁掉。在三维计算机图形学中,对于剪裁面构成范围以外的对象实行剪裁。最后,在变换的坐标和屏幕像素之间必须建立对应的关系。这种操作称为视口变换。

5.2.3.2 颜色设置

绝大多数 OpenGL 应用的目的是在窗口中绘制彩色图形,窗口是矩形的像素阵列,其中每个像素含有和显示它自身的颜色。因此,也可以说,OpenGL 实现所执行的计算归根结底是确定窗口中所绘制的每个像素的最后颜色。主要有 RGBA 和颜色索引两种方式。

使用 RGBA 方式还是使用颜色索引方式可根据硬件条件和应用的要求确定。对于大多数系统,使用 RGBA 方式可同时表示的颜色较使用颜色索引方式多。此外,对于明暗处理、光照、纹理和雾化等一些效果,使用 RGBA 方式较使用颜色索引方式具有更多的灵活性。

在以下一些情形下适合使用颜色索引方式:

(1)当已移植一个主要利用颜色索引方式的现有应用时,最简单的做法是不改变原来的方式。

(2)当可用的位面只有很小数目 n,且只需要使用少于 2^n 种不同的颜色时,应考虑使用颜色索引方式。

（3）当有限数目的位面可用时,RGBA 方式会产生很不精确的明暗处理,假如应用只要求如灰度之类的有限度明暗处理,则颜色索引方式处理得较好。

（4）颜色索引方式可有各种技巧性用途,例如,查色表动画和层次绘图等。

总的来说,使用 RGBA 方式适用于纹理映射,以及较好地应用于光照、明暗处理、雾、反走样和混合。

5.2.3.3　纹理映射

纹理映射也称为图案映射,是最常用的添加表面细节的方法,是将纹理模式映射到物体表面的方法。纹理模式可以由一个矩形数组来定义,也可以作为一个过程来修改物体表面的光强度值。

通常,纹理模式在一个纹理空间 (s,t) 坐标系中用光强度值的矩形网格来定义,而场景中的物体表面是在 uv 坐标系中定义的,投影平面上的像素点在 XY 笛卡儿坐标系中定义。因此,必须经过坐标变换才能将纹理模式映射到屏幕上。有两种方法可以实现纹理映射。其一是将纹理模式映射至物体表面,再映射至投影平面;其二是将像素区域映射到物体表面后再映射到纹理空间。通常用纹理扫描来表示将一幅纹理图案映射到像素坐标系的过程,而将由像素坐标系到纹理空间映射称为像素扫描过程,或者反向扫描、图像次序扫描。物空间向像空间的映射由观察和投影变换来完成。然而,由纹理空间向像空间的映射有一个不利的因素是选中的纹理面片常常与像素边界不匹配,这就需要计算像素的覆盖率。因此,由像空间向纹理空间的映射成为最常用的纹理映射方法,主要是因为它避免了像素的分割计算,并能简化反走样操作,即投影一块包含相邻像素中心的向外扩张的像素区域,并运用金字塔函数在纹理模式中对光强度进行加权。由像空间向纹理空间映射必须计算投影变换的逆变换矩阵和纹理映射变换的逆变换矩阵。纹理映射只能在 RGBA 模式下使用,不适用于颜色索引模式。

5.2.3.4　光照及材质处理

对物体进行透视投影,在可见面上产生自然光照效果,可以实现场景的真实感显示。在 OpenGL 的光照模型中,场景中的光由某些光源产生,它们可以单独地接通或断开。有些光来自特定的方向或位置,而有些光在场景周围被散射。

　　要绘制逼真的三维物体,必须做光照处理。OpenGL 可以控制光照与物体的关系,产生多种不同的视觉效果。利用 OpenGL 进行光照处理时,在屏幕上最终显示像素颜色,同时要反映出场景中使用光照的特性,以及物体反射和吸收光的属性。OpenGL 的光是由红、绿、蓝颜色的数量决定的,材料的属性是由在不同方向反射、入射的红、绿、蓝的百分数决定的,OpenGL 的光照方程只是一个近似的,但是计算量较小,也比较精确。OpenGL 的光照模型考虑光照分为 4 个独立部分的光:发射光、环境光、漫反射光、镜面光。独立计算所有的 4 个部分,然后相加在一起。

　　材质就是通常所说的物体表面的质感。通过定义三维物体表面的材质,可以使物体看上去更为真实。在 OpenGL 中,材质的定义与光源的定义很相似。它是通过定义材料对红、绿、蓝三色光的反射率来近似定义材料的颜色。像光源一样,材料颜色也分为环境反射、漫反射和镜面反射成分,它们决定了材料对环境光、漫反射光和镜面反射光的反射率。在进行光照计算时,材料的每一种反射率与对应的光照相结合。

　　对环境光与漫反射光的反射程度基本决定了材料的颜色,并且两者十分接近。而对镜面反射光的反射率通常是白色的或灰色(即对红、绿、蓝三色的反射率一致)的。镜面反射的高亮区域将具有光源的颜色。

5.2.4　可视化结果

　　本书使用 Visual C++开发了基于 OpenGL 的结果可视化程序,图 5-6 为土壤含水率结果的可视化。

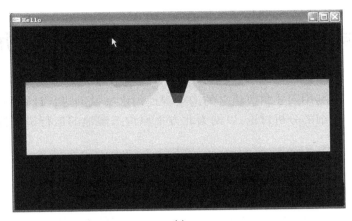

(a)

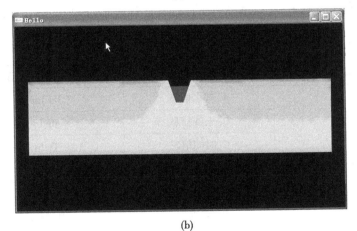

(b)

图 5-6　土壤含水率分布

第6章 数值计算及结果分析

本章利用前述章节建立的沟渠湿地的水文模型进行计算,并对结果进行详细的分析讨论,以期为北方平原沟渠湿地的运行机制提供理论依据。

6.1 输入数据

SWMS_2D 的输入数据包含在三个输入文件中。所有的输入数据被分成从 A 到 K 的 11 种类型的数据组,程序运行时有选择性地读取其中一组或几组数据。输入数据分类列表如表 6-1 所示。

表 6-1 输入数据分类列表

输入文件	包括的数据组	读取数据组的子程序
SELECTOR. IN	A. 基本信息	BasInf
	B. 土壤信息	MatIn
	C. 时间信息	TmIn
	D. 源汇信息	SinkIn
	E. 渗流面信息	SeepIn
	F. 排水管信息	DrainIn
	G. 溶质运移信息	ChemIn
GRID. IN	H. 节点信息	NodInf
	I. 单元信息	ElemIn
	J. 边界几何信息	GeomIn
ATMOSPH. IN	K. 大气信息	AtmIn

6.1.1　基本信息

BLOCK A 数据组包含的是程序模拟的基本信息,其范例格式如图 6-1 所示。表 6-2 列出了在 BLOCK A 数据组中程序读入的数据所在的行数、程序中被赋值的变量及其类型,以及对该变量的简单描述。

```
*** BLOCK A: BASIC INFORMATION ******************************************
Heading
'Example 1 - Column Test'
LUnit TUnit MUnit (units are obligatory for all input data)
'cm'  'sec' '-'
Kat (0:horizontal plane, 1:axisymmetric vertical flow, 2:vertical plane)
  2
MaxIt TolTh  TolH     (maximum number of iterations and tolerances)
 20   .0001  0.01
lWat  lChem  ChecF    ShortF  FluxF  AtmInF  SeepF  FreeD  DrainF
 t     f      f        t       t       t      t      t      f
```

图 6-1　BLOCK A 数据组基本信息的范例格式

表 6-2　BLOCK A 数据组基本信息的输入数据

行数	类型	变量名	描述
1,2	—	—	comment
3	C	Hed	题头,用于输出文件中信息题头
4	—	—	comment
5	C	Lunit	SWMS_2D 的统一使用的长度单位,如 cm、dm、m 等
5	C	Tunit	SWMS_2D 的统一使用的时间单位,如 s、h、d 等
5	C	Munit	SWMS_2D 的统一使用的质量单位,如 g、mol 等
6	—	—	comment
7	I	Kat	模拟渗流的类型:0:水平面流动;1:三维对称流动;2:横截面流动
8	—	—	comment

续表 6-2

行数	类型	变量名	描述
9	I	MaxIt	任一时间点水流方程的迭代计算过程中的允许最大迭代次数
9	R	TolTh	水流方程相邻迭代之间含水率 θ 的允许最大绝对公差值[−]（默认值 0.000 1）
9	R	TolH	水流方程相邻迭代之间负压水头 h 的允许最大绝对公差值[L]（默认值 0.1 cm）
10	—	—	comment
11	L	lWat	. true. for considering water flow calculation . false. for steady water flow
11	L	lChem	. true. for considering nitrogen transport and trans-formations
11	L	CheckF	.true. for printing the input data for checking
11	L	ShortF	.true. for printing information at preselected times
11	L	FluxF	. true. for printing detailed fluxes and recharge/discharge rate
11	L	AtmInf	. true. for input atmospheric data
11	L	SeepF	. true. if seepage face is considered
11	L	FreeD	. true. for considering free drainage at the bottom boundary
11	L	DrainF	. true. for simulating drainage boundary condition

6.1.2　土壤信息

BLOCK B 数据组包含的是土壤基本信息,其输入数据的范例格式和说明分别见图 6-2 和表 6-3。

```
*** BLOCK B: MATERIAL INFORMATION ****************************************
NMat     NLay     hTab1     hTabN     NPar
  1        1      .001      200.        9
thr      ths      tha       thm       Alfa      n        Ks        Kk      thk
.02      .350     .02       .350      .0410    1.964   .000722   .000695  .2875
```

图 6-2　BLOCK B 数据组土壤信息的范例格式

表 6-3　BLOCK B 数据组土壤基本信息

行数	类型	变量名	描述
1,2	—	—	comment
3	C	Hed	Heading
4	—	—	comment
5	C	Lunit	Length unit
5	C	Tunit	Time unit
5	C	Munit	Mass unit
6	—	—	comment
7	I	Kat	Type of flow system: 0: horizontal; 1: axisymetric flow; 2: cross section flow
8	—	—	comment
9	I	MaxIt	Maximum number of iterations in one time step in the solution of nonlinear water flow equation
9	R	TolTh	tolerance of water content in the iteration of nonlinear water flow equation(0.000 1)
9	R	TolH	tolerance of pressure head in the iteration of nonlinear water flow equation(0.1 cm)

续表 6-3

行数	类型	变量名	描述
10	—	—	comment
11	L	lWat	. true. for considering water flow calculation . false. for steady water flow
11	L	lChem	true. for considering nitrogen transport and transformations
11	L	CheckF	. true. for printing the input data for checking
11	L	ShortF	.true. for printing information at preselected times
11	L	FluxF	. true. for printing detailed fluxes and recharge/discharge rate
11	L	AtmInf	. true. for input atmospheric data
11	L	SeepF	. true. if seepage face is considered
11	L	FreeD	. true. for considering free drainage at the bottom boundary
11	L	DrainF	. true. for simulating drainage boundary condition

6.1.3　时间信息

BLOCK C 数据组包含的是与时间控制相关的信息,其输入数据的范例格式和说明分别见图 6-3 和表 6-4。

```
*** BLOCK C: TIME INFORMATION ***********************************
dt      dtMin   dtMax   DMul    DMul2   MPL
 1.      .01     60.     1.1     .33     6
TPrint(1),TPrint(2),...,TPrint(MPL)                (print-time array)
 60 900 1800 2700 3600 5400
```

图 6-3　BLOCK C 数据组时间控制信息的范例格式

表 6-4　BLOCK C 数据组时间方面的信息

行数	类型	变量名	描述
1,2	—	—	comment
3	R	dt	initial time step
3	R	dtMin	minimum time step
3	R	dtMax	maximum time step
3	R	dMul	1.0 < dMul < 2, the increase rate of time step (1.2~1.3)
3	R	dMul2	the time step is multiplied by aMul2 when the iteration number is larger than 7. (e.g. dMul2-0.3)
3	I	MPL	Number of preselected times at which the detailed information is printed
4	—	—	comment
5	R	Tprint(1)	1st selected Tprint time
5	R	Tprint(2)	2nd selected Tprint time
5	R	..	
5	R	..	
5	R	..	
5	R	Tprint(MPL)	MPLth selected Tprint time

6.1.4　源汇信息

BLOCK D 数据组包含的是与作物根系吸水项 S 相关的信息,本书中模型没有用到根系吸水模型,在程序输入文件中用空行代替。

6.1.5　渗流面信息

BLOCK E 数据组包含的是与渗流面边界相关的信息,其输入数据的范例格式和说明分别见图 6-4 和表 6-5。

```
*** BLOCK E: SEEPAGE INFORMATION (only if SeepF =.true.) ***************
NSeep                                        (number of seepage faces)
  1
NSP(1),NSP(2),......,NSP(NSeep)               (number of nodes in each s.f.)
  2
NP(i,1),NP(i,2),.....,NP(i,NSP(i))            (nodal number array of i-th s.f.)
  111       112
```

图 6-4　BLOCK E 数据组渗流面边界信息的范例格式

表 6-5　BLOCK E 数据组渗流面边界信息

行数	类型	变量名	描述
1,2	—	—	comment
3	I	Nseep	number of seepage faces
4	—	—	comment
5	I	NSP(1)	number of nodes on the 1st seepage face
5	I	NSP(2)	number of nodes on the 2nd seepage face
5	I	NSP(3)	number of nodes on the 3rd seepage face
5	I	NSP(Nseep)	number of nodes on the $Nseep^{th}$ seepage face
6	—	—	
7	I	NP(1,1)	1st global node number on the 1st seepage face
7	I	NP(1,2)	2nd global node number on the 1st seepage face
7	I	NP(1,3)	3rd global node number on the 1st seepage face
⋮			⋮
7	I	NP(1,NSP(1))	NSP$(1)^{th}$ global node number on the 1st seepage face record 7 is repeated for each seepage face

6.1.6　排水管信息

　　BLOCK F 数据组包含的是与排水管边界相关的信息,本书中没有用到,在输入文件中用空行代替。

6.1.7　溶质运移信息

BLOCK G 数据组包含的是与溶质运移相关的信息,本书中没有用到,在输入文件中用空行代替。

6.1.8　节点信息

BLOCK H 数据组包含的是与节点相关的信息,其输入数据的范例格式和说明分别见图 6-5 和表 6-6。

```
*** BLOCK H: NODAL INFORMATION *****************************************
    NumNP        NumEl          IJ      NumBP     NObs
     380          342           19        5        0
   n  Code    x       z           h       Conc       Q       M    B    Axz   Bxz   Dxz
   1   1    0.00   230.00       0.00   0.00E+00  0.00E+00   1   0.00  1.00  1.00  1.00
   2   0    0.00   228.00    -145.50   0.00E+00  0.00E+00   1   0.00  1.00  1.00  1.00
   3   0    0.00   226.00    -143.40   0.00E+00  0.00E+00   1   0.00  1.00  1.00  1.00
   -   -     -        -          -         -         -      -     -     -     -     -
   -   -     -        -          -         -         -      -     -     -     -     -
 378   0  125.00  120.00      -9.40   0.00E+00  0.00E+00   2   0.00  1.00  1.00  1.00
 379   0  125.00  110.00       0.60   0.00E+00  0.00E+00   2   0.00  1.00  1.00  1.00
 380   0  125.00  100.00      10.20   0.00E+00  0.00E+00   2   0.00  1.00  1.00  1.00
```

图 6-5　BLOCK H 数据组节点信息的范例格式

表 6-6　BLOCK H 数据组节点信息

行数	类型	变量名	描述
1,2	—	—	comment
3	I	NumNP	number of nodes
3	I	NumEl	number of elements
3	I	IJ	maximum number of nodes on any transverse lines
3	I	NumBP	number of nodes for which Kode(n)≠0
3	I	NObs	number of observation nodes
4	—	—	comment
5	I	n	node number
5	I	Kode(n)	code to specify the boundary type of the node
5	R	x(n)	x coordinate

续表 6-6

行数	类型	变量名	描述
5	R	y(n)	y coordinate
5	R	hNew(n)	initial pressure head
5	R	Conc(n)	initial concentration of ammonium
5	R	Q(n)	prescribed recharge/discharge of the node（positive for inflow）
5	I	MatNum(n)	material index of the node
5	R	Axz(n)	scaling factor associated with pressure head
5	R	Bxz(n)	scaling factor associated with the saturated conductivity
5	R	Dxz(n)	scaling factor associated with water content

6.1.9　单元信息

BLOCK I 数据组包含的是与单元相关的信息,其输入数据的范例格式和说明分别见图 6-6 和表 6-7。

```
*** BLOCK I: ELEMENT INFORMATION ************************
   e   i    j    k    l   Angle  Aniz1  Aniz2  LayNum
   1   1    3    4    2    .00    1.00   1.00     1
   2   3    5    6    4    .00    1.00   1.00     1
   3   5    7    8    6    .00    1.00   1.00     1

   _   _    _    _    _     _      _      _       _
  52 103  105  106  104    .00    1.00   1.00     1
  53 105  107  108  106    .00    1.00   1.00     1
  54 107  109  110  108    .00    1.00   1.00     1
  55 109  111  112  110    .00    1.00   1.00     1
```

图 6-6　BLOCK I 数据组单元信息的范例格式

表 6-7　BLOCK I 数据组单元方面的信息

行数	类型	变量名	描述
1,2	—	—	comment
3	I	e	element number
3	I	KX(e,1)	global number of node in element e, i
3	I	KX(e,2)	global number of node in element e, j
3	I	KX(e,3)	global number of node in element e, k
3	I	KX(e,4)	global number of node in element e, L. for triangular element k = L
3	R	Angle(e)	angle in degree between ConA1(e) and x-coordinate axis in the element e
3	R	ConA1(e)	first principle component of the dimensionless hydraulic conductivity
3	R	ConA2(e)	second principle component of the dimensionless hydraulic conductivity
3	I	LayNum(e)	index number of subregion assigned to element e

6.1.10　边界几何信息

BLOCK J 数据组包含的是与几何边界相关的信息,其输入数据的范例格式和说明分别见图 6-7 和表 6-8。

```
*** BLOCK J: BOUNDARY GEOMETRY INFORMATION ***************
Node number array:
        1           2         65          66
Width array:
     0.50        0.50       0.50        0.50
Length:
     1.00
Node(1..nObs)
20 30 40
```

图 6-7　BLOCK J 数据组几何边界信息的范例格式

表 6-8　BLOCK J 数据组几何边界信息

行数	类型	变量名	描述
1,2	—	—	comment
3	I	KXB(1)	global number of the 1st boundary node for which $Kode(n) \neq 0$
3	I	KXB(2)	global number of the 2nd boundary node for which $Kode(n) \neq 0$
3	I	KXB (NumBP)	global number of the $NumBP^{th}$ boundary node for which $Kode(n) \neq 0$
4	—	—	comment
5	R	Width(1)	width of the boundary node KXB(1), which is the half length of the boundaries of the elements related to the node KXB(1)
5	R	Width(2)	as above for KXB(2)
⋮	⋮	⋮	⋮
5	R	Width (NumBP)	as above for KXB(NumBP)
6	—	—	comment
7	R	rLen	width of soil surface related to transpiration, $rLen = 0$ if no transpiration
8	—	—	comment
9	I	Node(1)	global node number of the 1st observation node, used for printing detailed information for each time step
9	I	Node(2)	global node number of the 2nd observation node
⋮	⋮	⋮	⋮
9	I	Node(Nobs)	global node number of the $Nobs^{th}$ observation node

6.1.11　时变信息

BLOCK K 数据组包含的是与时变相关的信息,其输入数据的范例格式和说明分别见图 6-8 和表 6-9。

```
*** BLOCK K: ATMOSPHERIC INFORMATION  *******************************
*** Hupselse Beek 1982                *******************************
********************************************************************
SinkF   qGWLF
t       t
GWLOL   Aqh     Bqh                       (if qGWLF=f then Aqh=Bqh=0)
230     -.1687  -.02674
tInit   MaxAL                         (MaxAL = number of atmospheric data-records)
90.     183
hCritS                                (max. allowed pressure head at the soil surface)
1.e30
tAtm    Prec    cPrec   rSoil   rRoot   hCritA   rt   ht   crt   cht
  91    0       0       0       0.16    1000000  0    0    0     0
  92    0.07    0       0       0.18    1000000  0    0    0     0
  93    0.02    0       0       0.13    1000000  0    0    0     0
  -     -       -       -       -       -        -    -    -     -
  -     -       -       -       -       -        -    -    -     -
 269    0.53    0       0       0.09    1000000  0    0    0     0
 270    0.07    0       0       0.23    1000000  0    0    0     0
 271    0       0       0       0.17    1000000  0    0    0     0
 272    0       0       0       0.22    1000000  0    0    0     0
 273    1.04    0       0       0       1000000  0    0    0     0
```

图 6-8　BLOCK K 数据组时变信息的范例格式

表 6-9　BLOCK K 数据组时变信息

行数	类型	变量名	描述
5	L	SinkF	. true. if water extraction from root zone is imposed
5	L	qGWLF	. true. for the discharge-groundwater level relationship is used on the bottom boundary.
6	—	—	comment
7	R	GWLOL	reference position for groundwater table, =0 for the z coordinate of ground surface is zero
7	R	Aqh	the parameter A_{qh} in the recharge-groundwater table relation, =0 for qGWLF=扨alse'
7	R	Bqh	the parameter B_{qh} in the recharge-groundwater table relation, =0 for qGWLF=False'
8	—	—	comment

续表 6-9

行数	类型	变量名	描述
9	R	tInit	start time of the simulation
9	I	MaxAl	number of atmospheric data record, that is the time number for input atmospheric data
10	—	—	comment
11	R	hCritS	maximum pressure head allowed at the soil surface
12	—	—	comment
13	R	tAtm(n)	time of the input atmospheric data
13	R	Prec(n)	precipitation(irrigation and other water supply)
13	R	cPrec(n)	ammonium concentration of precipitation Prec(n)
13	R	rSoil(n)	potential evaporation rate, = 0 for lET = . true.
13	R	rRoot(n)	potential transpiration rate, = 0 for lET = . true.
13	R	hCritA(n)	minimum pressure head allowed at the soil surface
13	R	rGWL(n)	time dependent flux boundary conditions(positive outward) for nodes with Kode(n) = −3. = 0 if no Kode(n) = −3 specified. Only one exists in deep drainage, free drainage and specific flux boundaries.
13	R	GWL(n)	time dependent prescribed pressure head boundary conditions (positive outward) for nodes with Kode(n) = +3. = 0 if no Kode(n) = +3 specified. Only one exists in deep drainage, free drainage and specific flux boundaries.
13	R	crt(n)	time-dependent ammonium concentration of drainage flux (third-type boundary condition) for nodes with Kode(n) = ±3 and KodCB(n) < 0. Set to zero when not used it.
13	R	cht(n)	time-dependent ammonium concentration of first-type concentration boundary condition for nodes with Kode (n) = ±3 and KodCB (n) > 0. Set to zero when not used it.

6.1.12　其他的输入信息

除了通过前面这些 3 个输入文件、11 个数据组来输入程序运行所需的信息外,在 SWMS_2D 程序的 SWMS_2D.FOR 源文件中,还需要设定一些参数以控制程序的运行。

6.2　第一种情况模拟结果

6.2.1　模拟区域的主要参数

6.2.1.1　模拟区域

模拟区域概况如图 6-9 所示,模拟区域网格剖分如图 6-10 所示。

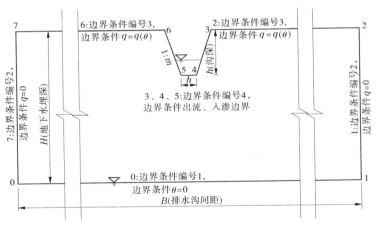

图 6-9　模拟区域概况

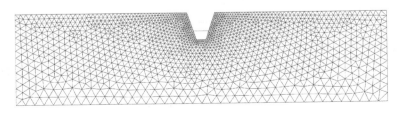

图 6-10　模拟区域网格剖分

6.2.1.2　土壤水分参数

　　本书所用的土壤有三种：一种壤土，两种黏土。其中，黏土用来衬砌，其他位置均用壤土。三种土的参数见表 6-10。

表 6-10　土壤类型

土壤类型	θ_r	θ_s	θ_a	θ_m	α	n	k_s	K_k	θ_k
壤土	0.078	0.43	0.078	0.43	3.6	1.56	0.149 6	0.149 6	0.43
黏土(1)	0.068	0.38	0.068	0.38	0.8	1.09	0.001 8	0.001 8	0.38
黏土(2)	0.070	0.36	0.070	0.36	0.5	1.09	0.001 0	0.001 0	0.36

　　三种土的土壤水分特征曲线如图 6-11 所示。

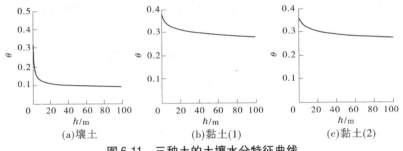

(a)壤土　　　　　　(b)黏土(1)　　　　　　(c)黏土(2)

图 6-11　三种土的土壤水分特征曲线

6.2.1.3　排水沟相关参数

　　排水沟相关参数(1)如表 6-11 所示。

表 6-11　排水沟相关参数(1)

项目	水平年	排水沟参数			沟间距/m	是否衬砌	是否补水
		沟深/m	底宽/m	边坡			
参数	丰水年	1.5	0.5	3:1	20	是	否

6.2.1.4　时间信息

　　本书的模拟时段为一年，从第一年 10 月 1 日到第二年 9 月 30 日，降雨为 4 个水平年(丰水年 25%、平水年 50%、枯水年 75%、特枯年 95%)的降雨资料，蒸发量用彭曼公式计算得到。

6.2.2　模拟结果

　　排水沟模拟结果(1)如图 6-12 所示,排水沟水深统计(1)如表 6-12 所示。

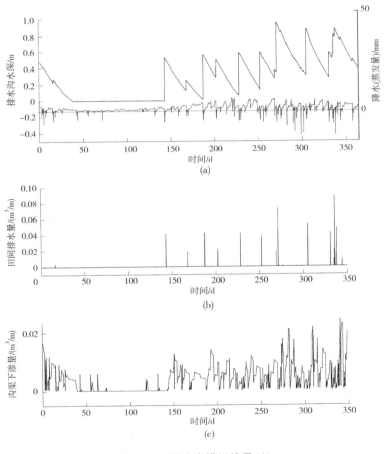

图 6-12　排水沟模拟结果(1)

表 6-12　排水沟水深统计(1)

水平	$H>0$ m	$H>0.2$ m	$H>0.5$ m	$H>1$ m
天数/d	272	211	84	0

6.3　第二种情况模拟结果

6.3.1　模拟区域的主要参数

除排水沟间距外,其他参数与第一种情况的模拟参数相同,具体参数见表 6-13。

表 6-13　排水沟相关参数(2)

项目	水平年	排水沟参数			沟间距/m	是否衬砌	是否补水
		沟深/m	底宽/m	边坡			
参数	丰水年	1.5	0.5	3:1	30	是	否

6.3.2　模拟结果

排水沟水深统计(2)如表 6-14 所示。排水沟模拟结果(2)如图 6-13 所示。

表 6-14　排水沟水深统计(2)

水平	$H>0$ m	$H>0.2$ m	$H>0.5$ m	$H>1$ m
天数/d	272	237	153	22

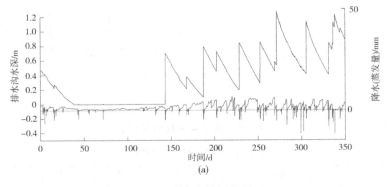

图 6-13　排水沟模拟结果(2)

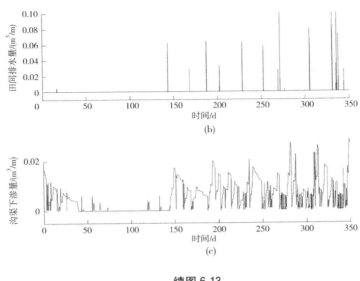

续图 6-13

6.4　第三种情况模拟结果

6.4.1　模拟区域的主要参数

除排水沟衬砌材料外,其他参数与第一种情况的模拟参数相同,具体参数见表 6-15。

表 6-15　排水沟相关参数(3)

项目	水平年	排水沟参数			沟间距/m	是否衬砌	是否补水
		沟深/m	底宽/m	边坡			
参数	丰水年	1.5	0.5	3:1	20	是	否

6.4.2　模拟结果

排水沟模拟结果(3)如图 6-14 所示,排水沟水深统计(3)如

表 6-16 所示。

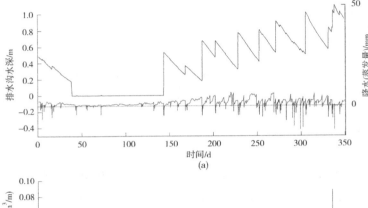

(a)

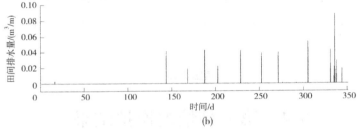

(b)

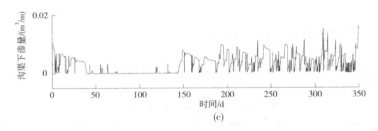

(c)

图 6-14　排水沟模拟结果(3)

表 6-16　排水沟水深统计(3)

水平	$H>0$ m	$H>0.2$ m	$H>0.5$ m	$H>1$ m
天数/d	273	255	163	11

6.5　第四种情况模拟结果

6.5.1　模拟区域的主要参数

本次模拟排水沟不衬砌情况,具体模拟参数见表 6-17。

表 6-17　排水沟相关参数(4)

项目	水平年	排水沟参数			沟间距/m	是否衬砌	是否补水
		沟深/m	底宽/m	边坡			
参数	丰水年	1.5	0.5	3:1	20	否	否

6.5.2　模拟结果

排水沟水深统计(4)如表 6-18 所示。排水沟模拟结果(4)如图 6-15 所示。

表 6-18　排水沟水深统计(4)

水平	$H>0$ m	$H>0.2$ m	$H>0.5$ m	$H>1$ m
天数/d	81	7	0	0

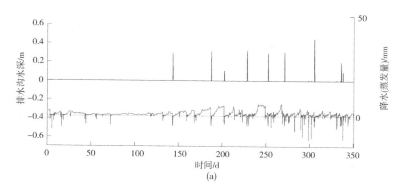

图 6-15　排水沟模拟结果(4)

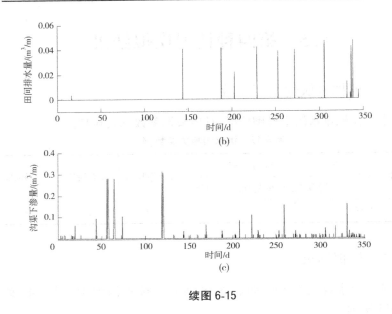

续图 6-15

6.6　第五种情况模拟结果

6.6.1　模拟区域的主要参数

本次模拟排水沟不衬砌情况,具体模拟参数见表 6-19。

表 6-19　排水沟相关参数(5)

项目	水平年	排水沟参数			沟间距/m	是否衬砌	是否补水
		沟深/m	底宽/m	边坡			
参数	丰水年	1.5	0.5	3:1	100	否	否

6.6.2　模拟结果

排水沟模拟结果(5)见图 6-16,排水沟水深统计(5)见表 6-20。

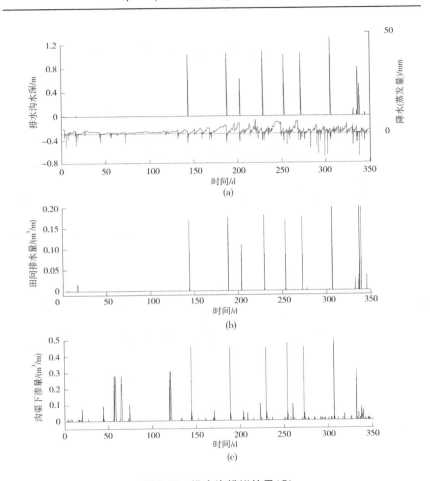

图 6-16　排水沟模拟结果(5)

表 6-20　排水沟水深统计(5)

水平	$H>0$ m	$H>0.2$ m	$H>0.5$ m	$H>1$ m
天数/d	85	12	9	6

6.7　第六种情况模拟结果

6.7.1　模拟区域的主要参数

本次模拟排水沟在平水年的运行情况,具体参数见表 6-21。

表 6-21　排水沟相关参数(6)

项目	水平年	排水沟参数			沟间距/m	是否衬砌	是否补水
		沟深/m	底宽/m	边坡			
参数	平水年	1.5	0.5	3:1	20	是	否

6.7.2　模拟结果

排水沟水深统计(6)见表 6-22,排水沟模拟结果(6)见图 6-17。

表 6-22　排水沟水深统计(6)

水平	$H>0$ m	$H>0.2$ m	$H>0.5$ m	$H>1$ m
天数/d	260	195	75	1

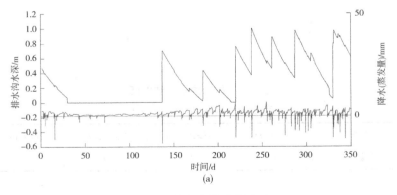

(a)

图 6-17　排水沟模拟结果(6)

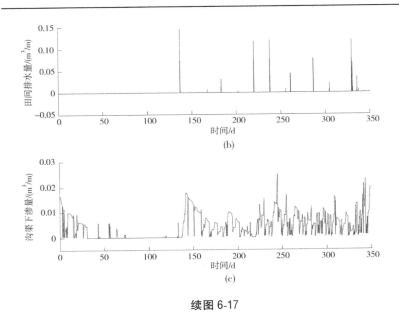

续图 6-17

6.8　第七种情况模拟结果

6.8.1　模拟区域的主要参数

本次模拟排水沟在枯水年的运行情况,具体参数见表 6-23。

表 6-23　排水沟相关参数(7)

项目	水平年	排水沟参数			沟间距/m	是否衬砌	是否补水
		沟深/m	底宽/m	边坡			
参数	枯水年	1.5	0.5	3∶1	20	是	否

6.8.2　模拟结果

排水沟模拟结果(7)见图 6-18,排水沟水深统计(7)见表 6-24。

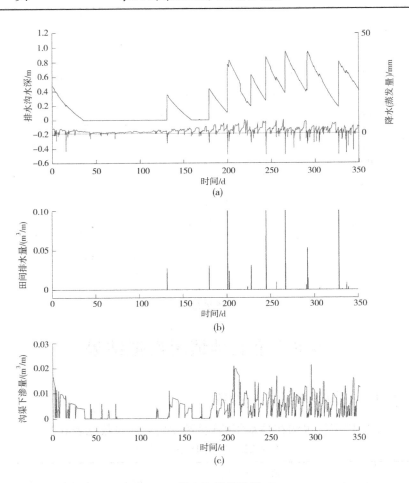

图 6-18　排水沟模拟结果(7)

表 6-24　排水沟水深统计(7)

水平	$H>0$ m	$H>0.2$ m	$H>0.5$ m	$H>1$ m
天数/d	255	192	67	0

6.9 第八种情况模拟结果

6.9.1 模拟区域的主要参数

本次模拟排水沟在特枯年的运行情况,具体参数见表6-25。

表 6-25 排水沟相关参数(8)

项目	水平年	排水沟参数			沟间距/m	是否衬砌	是否补水
		沟深/m	底宽/m	边坡			
参数	特枯年	1.5	0.5	3:1	20	是	否

6.9.2 模拟结果

排水沟水深统计(8)见表6-26,排水沟模拟结果(8)见图6-19。

表 6-26 排水沟水深统计(8)

水平	$H>0$ m	$H>0.2$ m	$H>0.5$ m	$H>1$ m
天数/d	255	180	65	0

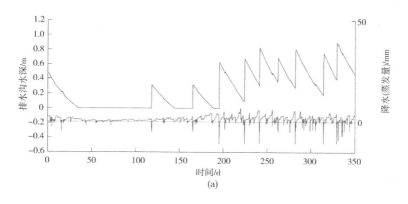

(a)

图 6-19 排水沟模拟结果(8)

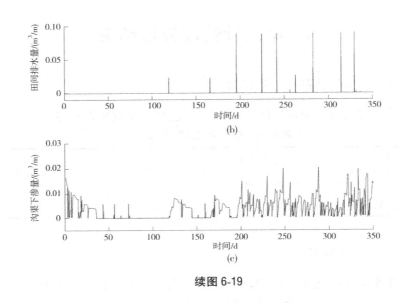

续图 6-19

6.10　第九种情况模拟结果

6.10.1　模拟区域的主要参数

本次模拟补水时排水沟的水文过程,即当排水沟中水深 $H<20$ cm 时,对排水沟进行补水,使沟中水深达到 50 cm。具体模拟参数见表 6-27。

表 6-27　排水沟相关参数(9)

项目	水平年	排水沟参数			沟间距/m	是否衬砌	是否补水
		沟深/m	底宽/m	边坡			
参数	丰水年	1.5	0.5	3:1	20	是	是(20~50)

6.10.2　模拟结果

排水沟水深统计(9)见表 6-28,排水沟模拟结果(9)见图 6-20。排水沟补水统计见表 6-29。

表 6-28 排水沟水深统计(9)

水平	$H>0$ m	$H>0.2$ m	$H>0.5$ m	$H>1$ m
天数/d	272	241	123	2

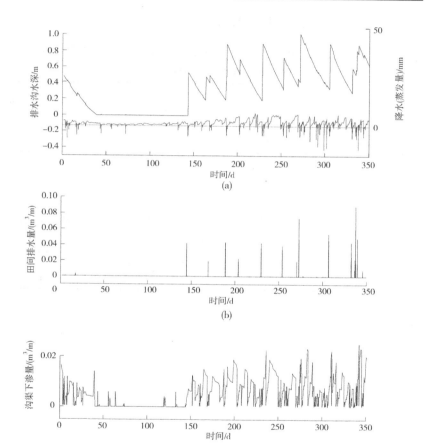

图 6-20 排水沟模拟结果(9)

表 6-29 排水沟补水统计

补水次数	1	2	3
补水量(m³/亩)	3.78	3.78	3.78

6.11　第十种情况模拟结果

6.11.1　模拟区域的主要参数

本次模拟大间距排水沟的水文过程,具体模拟参数见表6-30。

表 6-30　排水沟相关参数(10)

项目	水平年	排水沟参数			沟间距/m	是否衬砌	是否补水
		沟深/m	底宽/m	边坡			
参数	丰水年	1.5	0.5	3:1	50	是	否

6.11.2　模拟结果

排水沟水深统计(10)见表6-31,排水沟模拟结果(10)见图6-21。

表 6-31　排水沟水深统计(10)

水平	$H>0$ m	$H>0.2$ m	$H>0.5$ m	$H>1$ m
天数/d	272	246	184	97

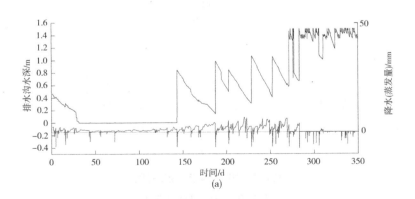

图 6-21　排水沟模拟结果(10)

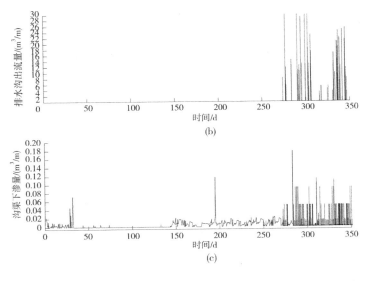

续图 6-21

6.12　第十一种情况模拟结果

6.12.1　模拟区域的主要参数

本次模拟塑料膜衬砌排水沟的运行情况,即用减小渗漏面积的方法减少渗漏量,本次模拟的渗漏面积为原始断面面积的 20%。具体模拟参数见表 6-32。

表 6-32　排水沟相关参数(11)

项目	水平年	排水沟参数			沟间距/m	是否衬砌	是否补水
		沟深/m	底宽/m	边坡			
参数	丰水年	1.5	0.5	3:1	100	塑料膜	是(20~50)

6.12.2　模拟结果

排水沟模拟结果(11)见图6-22,排水沟水深统计(11)见表6-33。

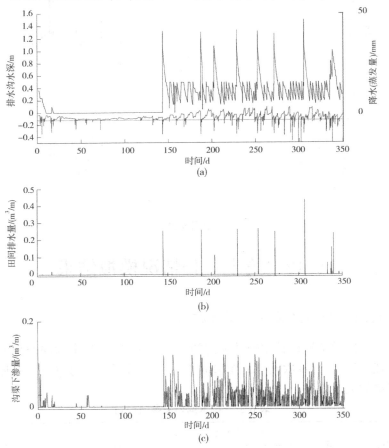

图6-22　排水沟模拟结果(11)

表6-33　排水沟水深统计(11)

水平	$H>0$ m	$H>0.2$ m	$H>0.5$ m	$H>1$ m
天数/d	272	218	40	9

6.13　模拟结果比较分析

6.13.1　是否衬砌的影响

模拟结果(1)为衬砌过的排水沟,模拟结果(4)、(5)没有衬砌,具体模拟参数见表6-34。

表 6-34　排水沟相关参数比较(1)

编号	水平年	排水沟参数			沟间距/m	是否衬砌	是否补水
		沟深/m	底宽/m	边坡			
(1)	丰水年	1.5	0.5	3:1	20	是(2)	否
(4)	丰水年	1.5	0.5	3:1	20	否	否
(5)	丰水年	1.5	0.5	3:1	100	否	否

通过表6-35的模拟结果比较可以看出:

表 6-35　水深统计结果比较(1)　　　　　　单位:d

模拟结果编号	$H>0$ m	$H>0.2$ m	$H>0.5$ m	$H>1$ m
(1)	272	211	84	0
(4)	81	7	0	0
(5)	85	12	9	6

结果(1)与结果(4)比较,结果(1)的各个值均大;结果(1)与结果(5)比较,结果(5)只有 $H>1$ m 水平的天数比结果(1)多6 d,其他值均小于结果(1)。这说明经过衬砌的排水沟比不衬砌的排水沟储水效果好,对沟内水生生物的生长有利。因此,在实际工程当中应该衬砌。

6.13.2　衬砌材料的影响

模拟结果(1)、(2)和模拟结果(3)的衬砌材料不同,结果(1)、(2)、(3)与结果(11)的衬砌形式不同,具体参数见表6-36和表6-37。

表 6-36　排水沟相关参数比较(2)

| 编号 | 水平年 | 排水沟参数 | | | 沟间距/m | 是否衬砌 | 是否补水 |
		沟深/m	底宽/m	边坡			
(1)	丰水年	1.5	0.5	3:1	20	是(2)	否
(2)	丰水年	1.5	0.5	3:1	30	是(2)	否
(3)	丰水年	1.5	0.5	3:1	20	是(3)	否
(11)	丰水年	1.5	0.5	3:1	100	(塑料膜)	是

表 6-37　土壤类型比较

土壤类型	θ_r	θ_s	θ_a	θ_m	α	n	k_s	K_k	θ_k
壤土	0.078	0.43	0.078	0.43	3.6	1.56	0.149 6	0.149 6	0.43
黏土(1)	0.068	0.38	0.068	0.38	0.8	1.09	0.001 8	0.001 8	0.38
黏土(2)	0.070	0.36	0.070	0.36	0.5	1.09	0.001 0	0.001 0	0.36

通过表 6-38 的模拟结果比较可以看出:

表 6-38　水深统计结果比较(2)　　　　单位:d

模拟结果编号	$H>0$ m	$H>0.2$ m	$H>0.5$ m	$H>1$ m
(1)	272	211	84	0
(2)	272	237	153	22
(3)	273	255	163	11
(11)	272	218	40	9

结果(3)与结果(1)比较,各个水平的天数均高于结果(1);结果(3)与结果(2)比较,除 $H>1$ m 水平比结果(2)少 11 d 外,其他水平的天数均略高于结果(2)。这说明渗透系数 K 对沟渠储水效果有较大影响,在实际工程中,如果采用渗透系数 $K \leqslant 0.001\ 8$ 的黏土衬砌,可以保证沟渠一年 3/4 左右的时间有水。如果用 $K \leqslant 0.001\ 0$ 的黏土衬砌,可以保证沟渠一年 1/2 左右的时间水深在 50 cm 以上。

如果减少排水沟的渗漏面积(如使用塑料膜衬砌),并对其进行适当的补水,也可以达到水生生物的生长要求。

6.13.3　不同沟间距的比较

模拟结果(1)和(2)、(10)与(4)和(5)是两组沟间距不同的模拟结果,具体参数见表 6-39。

表 6-39　排水沟相关参数比较(3)

编号	水平年	排水沟参数			沟间距/m	是否衬砌	是否补水
		沟深/m	底宽/m	边坡			
(1)	丰水年	1.5	0.5	3:1	20	是(2)	否
(2)	丰水年	1.5	0.5	3:1	30	是(2)	否
(10)	丰水年	1.5	0.5	3:1	50	是(2)	否
(4)	丰水年	1.5	0.5	3:1	20	否	否
(5)	丰水年	1.5	0.5	3:1	100	否	否

通过对表 6-40 的模拟结果比较可以看出:

表 6-40　水深统计结果比较(3)　　单位:d

模拟结果编号	$H>0$ m	$H>0.2$ m	$H>0.5$ m	$H>1$ m
(1)	272	211	84	0
(2)	272	237	153	22
(10)	272	246	184	97
(4)	81	7	0	0
(5)	85	12	9	6

(1)和(2)、(10)与(4)和(5)分别比较,$H>0$ m 和 $H>0.2$ m 两个水平的天数相差不多,但 $H>0.5$ m 和 $H>1$ m 两个水平的天数相差较大,即沟间距大的排水沟高水位的天数多。随着田间单次排水量的增大,排水沟渗透量也增大,因此沟内高水位天数增多,而总有水天数变

化不大。在实际工程中,可以适当增大排水沟间距,但排水沟间距过大会造成排水沟溢水[如模拟结果(10)中图 6-21 和模拟结果(11)中图6-22 所示],从而影响沟渠湿地的净水效果。

6.13.4　不同水平年的比较

模拟结果(1)、(6)、(7)和(8)是 4 个水平年的模拟结果,参数见表 6-41。

表 6-41　排水沟相关参数比较(4)

编号	水平年	排水沟参数			沟间距/m	是否衬砌	是否补水
		沟深/m	底宽/m	边坡			
(1)	丰水年	1.5	0.5	3:1	20	是(2)	否
(6)	平水年	1.5	0.5	3:1	20	是(2)	否
(7)	枯水年	1.5	0.5	3:1	20	是(2)	否
(8)	特枯年	1.5	0.5	3:1	20	是(2)	否

从表 6-42 模拟结果可以看出:

表 6-42　水深统计结果比较(4)　　　　　　　　单位:d

模拟结果编号	$H>0$ m	$H>0.2$ m	$H>0.5$ m	$H>1$ m
(1)	272	211	84	0
(6)	260	195	75	1
(7)	255	192	67	0
(8)	255	180	65	0

不同水平年,排水沟均在一年 2/3 以上的时间有水,$H>0.2$ m 的天数也在一半以上。从图 6-12、图 6-17~图 6-19 中可以看出,2 月以后($T>150$),沟内基本上都有水。在实际运行时,2 月($T>150$)以后,可以对沟渠湿地适当地补水,具体运行情况见模拟情况(9)中图 6-20 及表 6-28 和表 6-29。补水后可以达到水生生物生长的要求。

6.14　小　结

对计算结果进行分析,得出如下结论:

(1)衬砌与否对沟渠湿地储水影响很大,对沟渠湿地进行适当的衬砌可以保证一年 2/3 以上的时间沟内有水。

(2)衬砌材料对沟渠湿地储水有较大影响,选用渗透系数小的黏土衬砌以保证沟渠的储水。

(3)沟间距对储水的影响较大,沟间距主要影响田间的单次排水量。沟间距大的湿地,一年内高水位的天数较多。沟间距不宜太大,以避免出流。

(4)实际运行时,可以对沟渠进行补水,从而得到更好的储水效果。

(5)如果减少排水沟的渗漏面积(如使用衬砌 80%),也可以得到较好的储水效果。

第 7 章   结   论

　　随着社会和经济的发展,我国水污染越来越严重,现有的水资源质量不断下降,水环境持续恶化。各种形式的水污染降低了水体的使用功能。其中,农业面源污染已成为世界各国水环境的一大主要污染源。根据农业面源污染的低浓度、大范围的特点及其排放途径,沟渠湿地在治理农业面源污染方面将是一种不可替代的有效方法,应用前景广阔。因此,研究半干旱地区沟渠湿地水文及水环境效应机制,对农业面源污染的治理及环境生态修复、半干旱地区水资源的可持续利用将具有重大的理论意义和使用价值。

　　本书通过对北方平原地区沟渠型湿地水文过程的分析,建立了沟渠湿地水文过程的数学模型,应用现有的 SWMS_2D 模型,并对 SWMS_2D 模型的边界条件做了必要的修改和补充后,进行模拟计算,为下一步的实地试验提供理论依据。从计算结果看,模拟效果良好。

　　通过对沟渠湿地机制及运行的分析,得出以下结论:

　　(1)湿地中的氮主要通过氨化过程、硝化过程、反硝化过程、固氮作用和氮的同化作用迁移转化。

　　(2)湿地去除氮的途径主要包括植物吸收、氨的挥发、介质的吸附及微生物的硝化-反硝化脱氮。

　　(3)磷主要通过地表径流流失,其转化过程主要包括四个过程:①来源于生物颗粒有机磷在微生物作用下形成可溶性有机磷,并进一步矿质化形成正磷酸根离子;②水体中和水土界面的磷酸根离子与无机离子(铁离子、钙离子、铝离子等)结合,形成颗粒无机磷的螯合物,不能被植物利用;③颗粒无机磷在沉积层的厌氧环境中被释放形成正磷酸根离子;④沉积层的磷酸根离子被植物吸收。

　　(4)湿地对磷的去除是植物吸收、物理化学作用及微生物去除三方面共同作用的结果。

（5）衬砌与否对沟渠湿地储水影响很大，对沟渠湿地进行适当的衬砌可以保证一年 2/3 以上的时间沟内有水。

（6）衬砌材料对沟渠湿地储水有较大影响，选用渗透系数小的黏土衬砌以保证沟渠的储水。

（7）沟间距对储水的影响较大，沟间距主要影响田间的单次排水量。沟间距大的湿地，一年内高水位的天数较多。沟间距不宜太大，避免出流。

（8）实际运行时，可以对沟渠进行补水，从而得到更好的储水效果。

参 考 文 献

[1] BORIN M, BONAITI G, GIARDINI L. Controlled drainage and wetlands to reduce agricultural pollution: A lysimetric study[J]. J. Environ. Qual., 2001(30): 1330-1340.

[2] BRASKERUD B C. Factors affecting nitrogen retention in small constructed wetlands treating agricultural non-point source pollution[J]. Ecological Enginee ring, 2002(18): 351-370.

[3] BRASKERUD B C. Factors affecting phosphorus retention in small constructed wetlands treating agricultural non-point source pollution[J]. Ecological Engineering, 2002(19): 41-61.

[4] CASEY R E, TAYLOR M D, KLAINE S J. Mechanisms of nutrient attenuation in a subsurface flow riparian wetland[J]. Journal of Environmental Quality, 2001, 30 (5): 1732-1737.

[5] CHESCHEIR G M, SKAGGS R W, GILLIAM J W. Evaluation of wetland buffer areas for treatment of pumped agricultural drainage water[J]. Transactions of the American Society of Agricultural Engineers, 1992(35): 175-182.

[6] DAIZ O A, REDDY K R, MOORE P A. Solubility of inorganic P in stream water as influenced by pH and Ca concentration [J]. Water Resources, 1999(28): 1755-1763.

[7] DAVID A K, DAVID M B, GENTRY L E, et al. Effectiveness of constructed wetlands in reducing nitrogen and phosphorus export from agriculture tile drainage [J]. J. Environ. Qual., 2000(29): 1262-1274.

[8] FARAHBAKHSHAZAD N, MORRISON G M, FILHO E S. Nutrient removal in a vertical upflow wetland in Piracicaba, Brazil[J]. Ambio, 2000, 29(2): 74-77.

[9] GAYNOR J D, FINDLAY W I. Soil and conventional tillage in corn production [J]. Phosphorus Loss Fonm Conservation and Environ. Qual., 1995 (24): 734-741.

[10] HEY D L, KENIMER A L, BARRETT K R. Water quality improvement by four experiment wetlands[J]. Ecol, Eng., 1994(3): 381-397.

[11] JOHNSON I R, THORNLEY J H M. A model of instantaneous and daily canopy photosynthesis[J]. Journal of Theoretical Billogy, 1984(107): 531-545.

[12] KNIGHT R L, GU B, et al. Long-term phosphorus removal in Florida aquatic systems dominated by submerged aquatic vegetation[J]. Ecological Engineering, 2003(20):45-63.

[13] LAHAV O, Green M. Ammonium removal using ion exchange and biological regeneration[J]. Water Research. 1998,32(7):2019-2028.

[14] LIANG W, WU Z, CHENG S, et al. Roles of substrate microorganisms and urease activities in wastewater purification in a constructed wetland system[J]. Ecological Engineering,2003(21):191-195.

[15] PETERJOHN W T, CORRELL D L. Nutrient dynamics in an agricultural watershed: Observations on the role of a riparian forest[J]. Ecology,1984(65):1466-1475.

[16] REDDY K R, CONNER GAO, GALE P M. Phosphorus sorption capacities of wetland soils and stream sediments impacted by daily effluent [J]. Environ. Qual. ,1998(27): 438-447.

[17] Richacd S Wright, Jr Michecdl Sweet. OpenGL SuperBible[M]. 2nd. 北京:人民邮电出版社,2001.

[18] SHARPLEY A N. Determining environmentally sound soil phosphorouslevels[J]. J. Soil and Water Conservation,1996,51(2):160-165.

[19] TANNER C C, SUKIAS J P S, UPSDELL M P. Substratum phosphorus accumulation during maturation of gravel-bed constructed wetlands[J]. Wat. Sci. Tech. , 1999,40(3): 147-154.

[20] THOMPSON S P, PIEHLER M F, PAERL H W. Denitrification in an estuarine headwater creek within an agricultural watershed[J]. J. Environ. Qual. 2000 (29): 1914-1923.

[21] WHITE J S, BAYLEY S E, CURTIS P J. Sediment storage of phosphorus in a northen prairie wetland receiving municipal and agro-industrial wastewater[J]. Ecol,Eng. 2000(14): 127-138.

[22] WOLTEMADE C J. Ability of restored wetlands to reduce nitrogen and phosphorus concentration in agriculture drainage water[J]. Journal of Soil and Water Conservation, 2000,55(3):303-309.

[23] WOLTEMADE C J. 恢复湿地可降低农业排水中的氮、磷浓度[J]. 水土保持科技情报,2001,16(5):10-11.

[24] 陈欣,磷肥低量施用制度下土壤磷库的发展变化[J]. 土壤学报,1997.34

(1):81-87.

[25] 陈欣.红壤坡地磷流失规律及其影响因素[J].水土保持学报,1999,5(3):38-41.

[26] 单保庆,尹澄清,于静,等.降雨径流过程中土壤表层磷迁移过程的模拟研究[J].环境科学学报,2001,21(1):7-12.

[27] 丁展.Visual C++游戏开发技术实例[M].北京:人民邮电出版社,2005.

[28] 高超,朱建国,窦贻俭.农业非点源污染对太湖水质的影响:发展态势与研究重点[J].长江流域资源与环境,2002,11(3):260-263.

[29] 高拯民.城市污水土地处理设计利用手册[M].北京:中国标准出版社,1991.

[30] 黄丽,丁树文,董舟,等.三峡库区紫色土养分流失的试验研究[J].土壤侵蚀与水土保持学报,1998(1):9-14,22.

[31] 黄漪平,范成新,浪培民,等.太湖水环境及其污染控制[M].北京:科学出版社,2001.

[32] 姜翠玲,崔广柏.沟渠湿地对农业非点源污染物的净化能力研究[J].环境科学,2004,25(2):125-128.

[33] 李世鹃,李建民.氮肥损失研究进展[J].农业环境保护,2001,20(5):377-379.

[34] 梁威,吴振斌.人工湿地对污水中氮磷的去除机制研究进展[J].环境科学进展,2000(3):32-35.

[35] 刘超翔,胡洪营,张健,等.人工复合生态床处理低浓度农村污水[J].中国给水排水,2002,18(7):1-4.

[36] 刘方,黄昌勇,何腾兵,等.不同类型黄壤旱地的磷素流失及其影响因素[J].水土保持学报,2001,15(2):37-40.

[37] 刘文祥.人工湿地在农业面源污染控制中的应用研究[J].环境科学研究,1997,10(4):15-19.

[38] 陆垂裕.污水灌溉条件下土壤氮素转化运移数值模型及模拟[D].武汉:武汉大学,2004.

[39] 沈耀良,王宝贞.人工湿地系统的除污机理[J].江苏环境科技,1997(3):1-5.

[40] 司文斌,王慎强,陈怀满.农田氮、磷的流失与水体富营养化[J].土壤,2000(4):188-193.

[41] 孙广智,Biddlestone A J.人工芦苇床污水处理技术[J].污染防治技术,1999,12(1):1-4.

[42] 王百群.黄土丘陵区地形对坡地土壤养分流失的影响[J].水土保持学报,
　　　1999,5(2):18-22.

[43] 王伯仁,徐明岗,文石林,等.长期施肥对红壤旱地磷组分及磷有效性的影响
　　　[J].湖南农业大学学报(自然科学版),2002,28(4):293-297.

[44] 王桂玲,王丽萍,罗阳.河北省面源污染分析[J].海河水利,2004(4):29-
　　　30,45.

[45] 王世和,王薇,俞燕.水力条件对人工湿地处理效果的影响[J].东南大学学
　　　报(自然科学版),2003,33(3):359-362.

[46] 吴晓磊.人工湿地废水处理机理[J].环境科学,1991,16(3):83-86.

[47] 徐谦.我国化肥和农药非点源污染状况综述[J].农村生态环境,1996,12
　　　(2):39-43.

[48] 许春华,周琪,宋乐平.人工湿地在农业面源污染控制方面的应用[J].重庆
　　　科学,2001,23(3):70-72.

[49] 杨爱玲,朱颜明.地表水环境非点源污染研究[J].环境科学进展,1999,7
　　　(5):60-67.

[50] 杨敦,徐丽花,周琪.潜流式人工湿地在暴雨径流污染控制中应用[J].农业
　　　环境保护,2002,21(4):334-336.

[51] 张甲耀,夏盛林.潜流人工湿地污水处理系统的研究[J].环境科学,1998,19
　　　(4):36-39.

[52] 张荣社,周琪,张建,等.潜流构造湿地去除农田排水中氮的研究[J].环境科
　　　学,2003,24(1):113-116.

[53] 章北平.面源污染的截纳控制技术[J].武汉城市建设学院学报,1996,13
　　　(2):1-6.

[54] 甄兰,廖文华,刘建玲.磷在土壤环境中的迁移及其在水环境中的农业非点
　　　源污染研究[J].河北农业大学学报,2002,25(增刊):55-59.

[55] 钟定胜,罗华铭.填料在自由水面人工湿地中的应用[J].环境与开发,2000,
　　　15(4):14-18.

[56] 朱铁群.我国水环境农业非点源污染防治研究简述[J].农村生态环境,
　　　2000,16(3):55-57.

[57] 朱兆良,文启孝.中国土壤氮素[M].南京:江苏科学技术出版社,1992.